JN234969

EiC 電子情報通信学会編

電子計測（改訂版）

横浜国立大学名誉教授　工学博士
都築泰雄

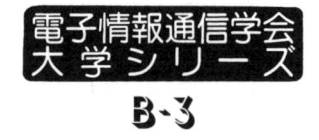

電子情報通信学会
大学シリーズ
B-3

コロナ社

電子情報通信学会大学シリーズ特別委員会

(昭和 61 年 10 月 1 日設置)

委 員 長	東京工業大学名誉教授	工学博士	岸　　　源　也
委　　員	慶応義塾大学名誉教授 東京工科大学名誉教授	工学博士	相　磯　秀　夫
	東京大学名誉教授	工学博士	神　谷　武　志
	東京工業大学名誉教授 高知工科大学名誉教授	工学博士	末　松　安　晴
	東京大学名誉教授 東洋大学名誉教授	工学博士	菅　野　卓　雄
	東京工業大学名誉教授 東京電機大学名誉教授	工学博士	当　麻　喜　弘
	早稲田大学名誉教授	工学博士	富　永　英　義
	東京大学名誉教授	工学博士	原　島　　　博
	早稲田大学名誉教授	工学博士	堀　内　和　夫

(五十音順)

電子通信学会教科書委員会

委 員 長	前長岡技術科学大学長 元東京工業大学長	工学博士	川　上　正　光
副委員長	早稲田大学教授	工学博士	平　山　　　博
	芝浦工業大学学長 東京大学名誉教授	工学博士	柳　井　久　義
幹事長兼 企画委員長	東京工業大学教授	工学博士	岸　　　源　也
幹　　事	慶応義塾大学教授	工学博士	相　磯　秀　夫
	東京大学教授	工学博士	菅　野　卓　雄
	早稲田大学教授	工学博士	堀　内　和　夫
企画委員	東京大学教授	工学博士	神　谷　武　志
	東京工業大学教授	工学博士	末　松　安　晴
	東京工業大学教授	工学博士	当　麻　喜　弘
	早稲田大学教授	工学博士	富　永　英　義
	東京大学教授	工学博士	宮　川　　　洋

(五十音順)

序

　当学会が"電子通信学会大学講座"を企画刊行したのは約20年前のことであった．その当時のわが国の経済状態は，現在からみるとまことに哀れなものであったといわざるを得ない．それが現在のようなかりにも経済大国といわれるようになったことは，全国民の勤勉努力の賜物であることはいうまでもないが，上記大学講座の貢献も大きかったことは，誇ってもよいと思うものである．そのことは37種，総計約100万冊を刊行した事実によって裏付けされよう．

　ところで，周知のとおり，電子工学，通信工学の進歩発展はまことに目覚ましいものであるため，さしもの"大学講座"も現状のままでは時代の要請にそぐわないものが多くなり，わが学会としては全面的にこれを新しくすることとした．このような次第で新しく刊行される"大学シリーズ"は従来のとおり電子工学，通信工学の分野は勿論のこと，さらに関連の深い情報工学，電力工学の分野をも包含し，これら最新の学問・技術を特に平易に叙述した学部レベルの教科書を目指し，1冊当りは大学の講義2単位を標準として全62巻を刊行することとした．

　当委員会として特に意を用いたことの一つは，これら62巻の著者の選定であって，当該科目を講義した経験があること，また特定の大学に集中しないことなどに十分意を尽したつもりである．

　次に修学上の心得を参考までに二，三述べておこう．

① "初心のほどはかたはしより文義を解せんとはすべからず．まず，大抵にさらさらと見て，他の書にうつり，これやかれやと読みては，又さきによみたる書へ立かえりつつ，幾遍も読むうちには，始めに聞えざりし事

も，そろそろと聞ゆるようになりゆくもの也."本居宣長――初山踏(ういやまぶみ)

② "古人の跡を求めず，古人の求めたる所を求めよ."芭蕉――風俗文選(もん)

換言すれば，本に書いてある知識を学ぶのではなく，その元である考え方を自分のものとせよということであろう．

③ "格に入りて格を出でざる時は狭く，又格に入らざる時は邪路にはしる．格に入り格を出でてはじめて自在を得べし."芭蕉――祖翁口訣(そおうくけつ)

われわれの場合，格とは学問における定石とみてよいであろう．

④ 教科書で勉強する場合，どこが essential で，どこが trivial かを識別することは極めて大切である．

⑤ "習学これを聞(もん)といい，絶学これを鄰(りん)といい，この二者を過ぐる，これを真過という."肇(じょう)法師――宝蔵論

ここで絶学とは，格に入って格を離れたところをいう．

⑥ 常に（ⅰ）疑問を多くもつこと，（ⅱ）質問を多くすること，（ⅲ）なるべく多く先生をやり込めること等々を心掛けるべきである．

⑦ 書物の奴隷になってはいけない．

要するに，生産技術を master したわが国のこれからなすべきことは，世界の人々に貢献し喜んでもらえる大きな独創的技術革新をなすことでなければならない．

これからの日本を背負って立つ若い人々よ，このことを念頭において，ただ単に教科書に書いてあることを覚えるだけでなく，考え出す力を養って，独創力を発揮すべく勉強されるよう切望するものである．

昭和 55 年 7 月 1 日

電子通信学会教科書委員会

委員長　川上　正光

改訂にあたって

　初版刊行後すでに十数年になり，電子計測の原理や基礎技術には大きい変革は生じてはいないが，電子計測器や電子計測システムのうちには，現在では使用されなくなったり，新しいものに置き換わったものがあるので，改訂することとした．

　最近の電子計測器の特徴は，データ集録の自動化とデータ処理機能の高度化であろう．その結果，測定器の操作手順が複雑になり，計測器の取扱い説明書においては，操作手順の説明に紙数が割かれ，測定原理や測定上の注意点に関する説明は簡略化されているように思われる．このような傾向から，当然のことではあるが，測定者の作業も操作手順の理解に重点が置かれ，測定原理の理解は軽視されやすい．そこで，測定原理の理解に役立つ電子計測器は，最近ではあまり使用されなくなったものも引き続き掲載することとした．

　改訂内容について述べると，6章までは機器類の入換えや整理を主とする部分的な改訂にとどめた．7章の光計測法は全面的な改訂を行ったので，その理由を説明する．光ファイバ技術が発展する以前の光計測システムは，空間波の光路をレンズや鏡により設定する構成であった．ところが光通信技術の発展により，光ファイバならびに光ファイバシステム用の光デバイスが利用できるようになり，光計測技術が大幅に向上した．そこで本書でも，空間波システムをファイバシステムに置き換えるようにした．

　最後に，本書を永年にわたりご活用いただいた各位に厚くお礼申し上げる．

　平成12年3月

　　　　　　　　　　　　　　　　　　　　　　　　　　都　築　泰　雄

旧版のはしがき

　電子計測は，大学の電子・通信・情報工学系学科のカリキュラムにおいて，専門の基礎的な科目として一般に重視されている．本書は電子計測の学習用教科書として役立つように内容構成がなされている．また，学生実験用の参考書としても役立つように配慮されている．

　近年の計測技術の発展は目覚ましいものがあるが，その原動力となっているのは，電子・通信・情報工学における新しい技術の開発・発展である．集積回路（IC）を中心とする半導体工学，計算機工学，光エレクトロニクス，画像工学などにおける新技術が積極的に計測技術に導入されている．本書は，教科書委員会の方針と筆者の教育・研究の経験とに基づいて，最近の電子計測技術のうちで，今後とも重要とみられる事項をできるだけ採り入れてある．

　本書の全体を通しての特徴は，計測法のシステム化とディジタル化に関する解説である．各章の特徴を述べると，1章では，計測システム全体として計測方法の原理と機能とを理解し，新しい計測システムを考案できる能力を得ることに目標を置いてある．2章では，コンピュータによるディジタルデータ処理法と，正確な情報を得るために重要な計測器の確度維持体系の説明に特徴がある．3章では，半導体ICによる計測量の変換技術に重点を置いてある．4章では，種々の電子計測器の動作原理と特長を説明するとともに，計測システム構成における計測器選定の手引きとなるように配慮してある．5章では，今後の急速な普及が予測されるディジタル計測法について，測定者を含む全体のシステムの構成を説明してある．6章では，高周波測定技術のうちの重要な事項として，分布定数回路測定と雑音測定の計測システム構成について解説してある．7章では，レーザの発達によって急速に進歩している光計測法について説

明してある．

　なお，計測の学習には単位系の知識が必要であるが，電磁気学の講義で習得するものとし，本書では国際単位系（SI）の解説を付録として加え適宜利用していただくことにしてある．

　計測技術の習得には実習・実験を行うことが望ましく，また，実習・実験を行うには前もって計測技術を学習しておく必要がある．学生実験では，時間と設備の制約から，測定原理，計測システム，計測器などを指定している場合が多いが，実際に取り扱うもののみの習得にとどまらず，本書を参考にして関連する事がらを同時に学習していただきたいと考える．

　本書では最近の電子計測技術をできるだけ採り入れるように努めたが，今後のエレクトロニクスの進歩はさらに急速になると思われるので，電子・通信・情報工学における新技術の発展と新しい計測器の開発の動向に常に注意し，本書の内容を補っていただくように希望する．

　最後に，本書の完成にご尽力下さった教科書委員会，同企画委員会の各位に感謝の意を表する．また，細部にわたるまで内容をご検討いただいた本学土岐政弘助教授，ならびに仕上げに多大のお骨折りを願ったコロナ社平井貞一氏に厚くお礼申し上げる．

　　昭和56年6月

　　　　　　　　　　　　　　　　　　　　　　　都 築 泰 雄

目　　次

1. 電子計測とは

1.1 電子計測の目的と特長 ……………………………………………………… *1*
1.2 電子計測システムの構成 ……………………………………………………… *2*
　1.2.1 計測方法の原理 …………………………………………………… *2*
　1.2.2 計測システムの構成例 …………………………………………… *5*
1.3 アナログ計測とディジタル計測 …………………………………………… *7*
　1.3.1 ディジタル計測とは ……………………………………………… *7*
　1.3.2 自動計測システム ………………………………………………… *8*
演 習 問 題 …………………………………………………………………… *10*

2. データ処理

2.1 情 報 の 抽 出 ……………………………………………………………… *11*
2.2 ディジタルデータ処理 ……………………………………………………… *13*
　2.2.1 最確値の決定方法 ………………………………………………… *13*
　2.2.2 適　用　例 ………………………………………………………… *16*
　2.2.3 スペクトル分析 …………………………………………………… *20*
2.3 誤 差 の 評 価 ……………………………………………………………… *22*
　2.3.1 計測器の確度 ……………………………………………………… *22*
　2.3.2 誤 差 の 原 因 …………………………………………………… *25*
　2.3.3 誤 差 の 評 価 …………………………………………………… *27*
演 習 問 題 …………………………………………………………………… *28*

3. 計測量の変換

3.1 電気量への変換 ………………………………………………………………… *30*

- 3.1.1 センサ　………………………………………………………… *30*
- 3.1.2 温度-電気変換　……………………………………………… *31*
- 3.1.3 光-電気変換　………………………………………………… *35*
- 3.1.4 機械-電気変換　……………………………………………… *37*
- 3.1.5 磁気-電気変換　……………………………………………… *39*

3.2 アナログ変換　……………………………………………………… *41*
- 3.2.1 アナログ変換の目的　………………………………………… *41*
- 3.2.2 レベル変換　…………………………………………………… *42*
- 3.2.3 周波数変換　…………………………………………………… *45*
- 3.2.4 レベル-周波数変換　…………………………………………… *49*

3.3 ディジタル変換　…………………………………………………… *52*
- 3.3.1 ディジタル変換とは　………………………………………… *52*
- 3.3.2 ディジタルコード　…………………………………………… *53*
- 3.3.3 A-D変換　……………………………………………………… *55*
- 3.3.4 D-A変換　……………………………………………………… *60*

演習問題　………………………………………………………………… *61*

4. 電子計測器

4.1 電子計測器の発達の動向　………………………………………… *63*

4.2 信号発生器　………………………………………………………… *65*
- 4.2.1 信号発生器の概要　…………………………………………… *65*
- 4.2.2 標準信号発生器　……………………………………………… *69*
- 4.2.3 周波数シンセサイザ　………………………………………… *71*
- 4.2.4 シンセサイズド標準信号発生器　…………………………… *73*
- 4.2.5 RC発振器　……………………………………………………… *74*
- 4.2.6 掃引信号発生器　……………………………………………… *75*
- 4.2.7 ファンクションジェネレータ　……………………………… *78*
- 4.2.8 パルス発生器　………………………………………………… *79*
- 4.2.9 パルス符号発生器　…………………………………………… *81*

4.3 エレクトロニックカウンタ　……………………………………… *83*
- 4.3.1 周波数カウンタ　……………………………………………… *83*
- 4.3.2 ユニバーサルカウンタ　……………………………………… *86*

4.4 電圧・電流測定器　………………………………………………… *87*

  4.4.1　電子式メータ ………………………………………… *87*
  4.4.2　アナログ電圧計 ………………………………………… *89*
  4.4.3　ディジタル電圧計 ……………………………………… *93*
  4.4.4　レベルメータ …………………………………………… *95*
 4.5　電 力 測 定 器 …………………………………………………… *96*
 4.6　インピーダンス測定器 ………………………………………… *98*
  4.6.1　回路部品の特性 ………………………………………… *98*
  4.6.2　インピーダンスブリッジ …………………………… *101*
  4.6.3　Q　メ　ー　タ ………………………………………… *104*
  4.6.4　インピーダンスメータ ……………………………… *106*
 4.7　ネットワークアナライザ …………………………………… *108*
  4.7.1　ネットワークアナライザの概要 …………………… *108*
  4.7.2　ネットワークアナライザによる伝送測定 ………… *108*
  4.7.3　ネットワークアナライザによる反射測定 ………… *109*
 4.8　波 形 分 析 器 …………………………………………………… *110*
  4.8.1　波形分析器の概要 …………………………………… *110*
  4.8.2　選択レベルメータ，選択電圧計 …………………… *111*
  4.8.3　電界強度測定器 ……………………………………… *112*
  4.8.4　スペクトラムアナライザ …………………………… *112*
  4.8.5　ひずみ率計 …………………………………………… *113*
  4.8.6　波形記憶装置とFFT処理装置 ……………………… *115*
 4.9　ディスプレイ装置 …………………………………………… *116*
  4.9.1　ディスプレイ装置の概要 …………………………… *116*
  4.9.2　オシロスコープ ……………………………………… *117*
  4.9.3　ディジタルオシロスコープ ………………………… *119*
  4.9.4　ロジックスコープ …………………………………… *120*
 4.10　記　録　装　置 ……………………………………………… *121*
  4.10.1　記録装置の概要 ……………………………………… *121*
  4.10.2　ペンレコーダ ………………………………………… *123*
  4.10.3　X-Yレコーダ ………………………………………… *123*
  4.10.4　オシログラフ ………………………………………… *124*
  4.10.5　ディジタルプリンタ ………………………………… *125*
  4.10.6　X-Yプロッタ ………………………………………… *125*
演　習　問　題 ………………………………………………………… *126*

5. ディジタル計測法

- 5.1 ディジタル計測の全体構成 ································· 129
  - 5.1.1 ディジタル計測システム ······················· 129
  - 5.1.2 作業の進行方法 ··································· 130
- 5.2 ディジタル機器のインタフェース ······················ 135
  - 5.2.1 インタフェースとは ······························· 135
  - 5.2.2 標準インタフェース ······························· 136
- 5.3 制御装置とデータ集録装置 ································ 139
  - 5.3.1 制御装置の機能 ···································· 139
  - 5.3.2 計測用コンピュータ ······························· 141
  - 5.3.3 データ集録装置 ····································· 142
- 演習問題 ·· 142

6. 高周波測定

- 6.1 分布定数回路測定 ·· 144
  - 6.1.1 高周波伝送回路 ···································· 144
  - 6.1.2 定在波測定 ·· 148
  - 6.1.3 反射係数測定 ······································· 150
  - 6.1.4 Sパラメータ測定 ·································· 151
- 6.2 雑音測定 ·· 153
  - 6.2.1 雑音測定とは ······································· 153
  - 6.2.2 雑音指数の測定 ···································· 154
  - 6.2.3 外来雑音の測定 ···································· 159
- 演習問題 ·· 160

7. 光計測法

- 7.1 光計測の概要 ·· 161
  - 7.1.1 光計測技術の進展 ································· 161
  - 7.1.2 レーザ ·· 162
  - 7.1.3 光ファイバと光デバイス ························· 163
- 7.2 光波センシング ··· 165

		7.2.1 光干渉測定の原理 ……………………………………… 165

      7.2.1　光干渉測定の原理 ……………………………………… 165
      7.2.2　光ファイバ干渉測定 ……………………………………… 167
      7.2.3　ホログラフィー干渉測定 ………………………………… 168
  7.3　光通信測定 …………………………………………………………… 170
      7.3.1　光測定器 …………………………………………………… 170
      7.3.2　光通信測定システム ……………………………………… 171
  演習問題 ……………………………………………………………………… 172

付録1．国際単位系(SI) ……………………………………………… 174
付録2．スミス図表 …………………………………………………… 181
演習問題解答 ………………………………………………………… 182
索　　引 ……………………………………………………………… 193

1. 電子計測とは

1.1 電子計測の目的と特長

　電子計測の目的は,半導体工学を中心とするエレクトロニクス技術を駆使して,測定対象に関する所望の情報を得ることである．電子計測の主な測定対象としては,次の種類のものがある．

　(*a*) **人工設備,天然現象などの状態**　ある時点におけるそれらの状態を知ることを計測の目的とする．状態を表す量を状態量という．それまでの状態に比べて異常が生じているか否かを所要情報とするときは監視法となる．また,希望する状態になるようになんらかの操作を行うとともに,その状態を監視するときには制御法となる．

　(*b*) **電子装置,電子部品,電子材料などの特性**　それらがどのような特性をもつかを知ることを計測の目的とする．製品が所望の特性をもつか否かを所要情報とするときは検査法となり,種々の使用条件に耐えうるか否かを知りたいときは試験法となる．また,なぜそのような特性をもつかを解析することは,特性の向上,新しい機能の開発などに大きく役立つ．

　エレクトロニクスの広範な技術を駆使することによる電子計測の特長は,以下の項目のように多数あり,これらが上記の目的の達成を容易にしている．

　(*1*) **微小量の測定が可能**　増幅器により信号の増大が容易なためである．信号の増大に必要なエネルギーは電源から供給される．

　(*2*) **測定対象に与える影響が小さい**　上記(*1*)と同じ理由による．

　(*3*) **計測量の読取りが容易**　計測量の指示あるいは表示に要するエネル

ギーを電源から供給して読取りを容易にすることができる．特にディジタル表示の装置，ディスプレイ装置などは読取りが容易である．

（4）**所望の情報形式への変換が容易**　電子回路によって電気信号の変換が容易に行えるためである．特にディジタルデータの場合は，コンピュータを利用する高度のデータ処理が可能である．

（5）**計測システムの自動化が容易**　電子計測器では外部の電気信号によって制御できる機種が増加しており，自動計測システムを容易に構成できる場合が多い．コンピュータ制御が可能な電子計測器が増加する見通しである．

（6）**遠隔測定が容易**　電気信号による情報の伝送が容易なためである．特にディジタル信号の伝送では，伝送回路の特性の影響，雑音などの外乱の影響を受けにくく，有利である．

（7）**電気量以外の計測に適用可能**　種々のセンサを使用して，各種の物理量を電気量に容易に変換できるので，上記(1)〜(6)の特長は物理量の計測においても役立っている．

1.2　電子計測システムの構成

1.2.1　計測方法の原理

エレクトロニクスの日進月歩の発展に伴って，電子計測器にも新しい機能を有するものが次々と開発されている．従来と同様に，計測器の動作原理を理解し，それぞれの機能と特長を把握できる能力が技術者に必要なことはいうまでもないが，今後の電子計測において特に要求される能力は，計測システムを構成できる能力とそのシステムを活用できる能力である．その内容を段階的に述べると

1) 計測の目的に適した計測方法の原理を選択あるいは考案できること．
2) その原理を具体化する計測システムの基本構成を考案できること．
3) 計測システムを構成する計測器として適切なものを選定できること．
4) それらの計測器を適切に接続してシステム化できること．

5) 計測の目的達成に必要，かつ十分な測定データ量の見積りができること．

6) 測定データからできるだけ多くの知見(情報)を抽出できること．

などの事柄である．

新しい電子計測器，電子計測装置においては，回路構成が複雑であり，細部にわたるまで動作を理解するのは困難であるが，それぞれの基本的な動作原理は旧来の計測技術と共通するものが多く，また原理から導かれる機能，特徴なども類似点が多い．そこで，すでに理解しているとみられる計測方法のうちから，やさしい実例を引用し，システム構成の基本的な原理について説明する．

計測器あるいは計測システムの機能をひと言でいえば，電圧，電流などの目に見えない量を目で見える量に変換する機能といえる．目で見える量として古くより最もよく用いられてきたのが指針の位置である．指針の役割によって測定原理を次の3とおりに分類できる．

（1） **偏位法**(deflection method)　　指針が，偏位した位置の目盛から測定値を読み取る方法．

（2） **置換法**(substitution method)　　計測量を加えたときの指針の振れと基準量を加えたときの指針の振れが同じになるように基準量を調整し，そのときの基準量を測定値とする方法．

（3） **零位法**(zero method)　　計測量と基準量との釣合いをとり，平衡した状態を指針で判定し，そのときの基準量を測定値とする方法．

置換法と零位法は基準量と比較するので比較法ともいう．3とおりの方法の比較を**表 1.1**に示す．

偏位法では計測量をx，指針の偏位置をyとするとき，最も望ましい関係は

$$y = kx \quad (k：定数) \tag{1.1}$$

で表される比例関係になることである．実際にはkのあいまいさが誤差の主因となる．表1.1にあるように，重量測定は"ばねばかり"が偏位法であり，簡便さに重きをおき，正確さは重視しない方法である．

置換法において，基準量が連続的に選べず，l個の離散的基準量$S_i(i=1\sim$

表 1.1 偏位法，置換法および零位法の比較

		偏位法	置換法		零位法			
					$1:n$ の比較		$1:1$ の比較	
		計器	計器	基準	計器	基準	計器	基準
実例	重力測定	ばねばかり	ばねばかり	一組の分銅	さおばかり	1組または1個の分銅	天びん	一組の分銅
	電圧測定	指針式電圧計	指針式電圧計	電圧標準器	電位差計	標準電池		
機能	測定範囲	目盛の範囲	目盛および基準量の範囲		(基準量の範囲)×(nの範囲)		基準量の範囲	
	正確さ	「計測量→針の振れ」の変換特性に依存	基準量の確度と差の補間確度に依存		基準量の確度とnの確度に依存		基準量の確度に依存	
特徴	正確さ	低	中		高		最高	
	作業量	少ない	中ぐらい		多い		最大	
	計器の価格	低	中		高		最高	

l) を用いる場合には，計測量 x を加えたときの指針の振れに最も近い振れとなる基準量 S_i を選び，最小の基準量 S_1 をも用いて，次の3とおりの振れを読み取る．

$$y_1 = f(x), \quad y_2 = f(S_i), \quad y_3 = f(S_i + S_1) \qquad (1.2)$$

微小変化では振れは比例するとして，x を次式で求める．

$$x = S_i + \frac{y_1 - y_2}{y_3 - y_2} S_1 \qquad (1.3)$$

偏位法では，目盛が計測量で目盛っていなければならないが，置換法では，比例性さえよければ任意の目盛でよい．

零位法では，天びんのように1：1で平衡をとる方法のほかに，さおばかりのように1：n の比較を行う方法がある．n を連続的に選べば基準量 S は一つでよく，x は nS として求まる．1：1の比較で x を求める場合，離散的な S_i を用いるための補間は，置換法と同様に比例配分による．零位法では差を拡大して読み取る点が特長で，置換法より正確さは向上するが，平衡をとるための手数は増すことになる．

表1.1に示すように，従来は計測方法の正確さと測定の手数・習熟度とは

両立させるのはむずかしかった．しかし，最近の電子計測器においては，確度を向上させ，取扱いも単純化する方向へ努力が払われている．当然のことながら構成が複雑になるので，価格の増加はやむをえないとしている．

1.2.2 計測システムの構成例

偏位法，置換法および零位法による状態量（電気量）の計測システムを**図 1.1**に示す．図中の破線は測定者の作業を示してある．

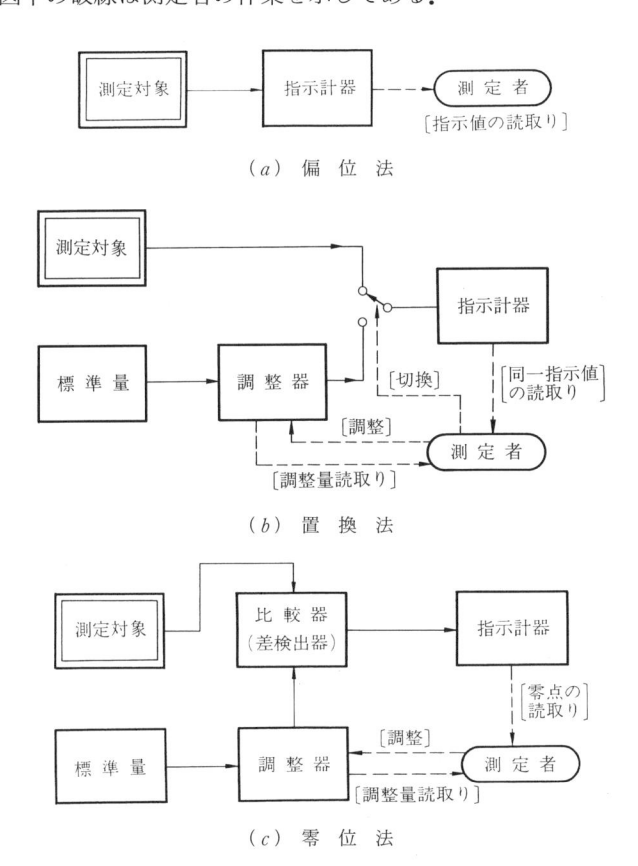

図 1.1 状態量の計測システム（破線は測定者の作業）

図(a)の偏位法では，測定者の作業はきわめて単純である．しかし，電子式の指示計器では，微小量が測定できるように内部に増幅器を用いているので，

電源電圧変動，温度変動などの影響を受けやすく，また能動素子は受動素子に比べて特性の経時変化が大きいこともあって，偏位法では誤差がほかより大きい．置換法と零位法では指示計器による誤差は除くことができるが，図からわかるように測定者の手数を要し，作業時間が長くなるのはやむをえない．図(c)の零位法における問題点は，比較器(差検出器)が使用できるか否かの点と，比較器の使用による誤差の増加である．置換法では指示計器を切り換えるだけでよいので，日常的な高確度測定では，零位法による計測器として一体化された製品を利用できる場合を除き，置換法が用いられている．

次に電気特性の測定の例として，2端子回路の伝送量の計測システムの構成を図 **1.2** に示す．図(a)の偏位法においては，信号源の出力電圧を一定(たとえば 0.1 V)とすれば，電圧計の読みから直ちに伝送量が求まる．簡便な方法

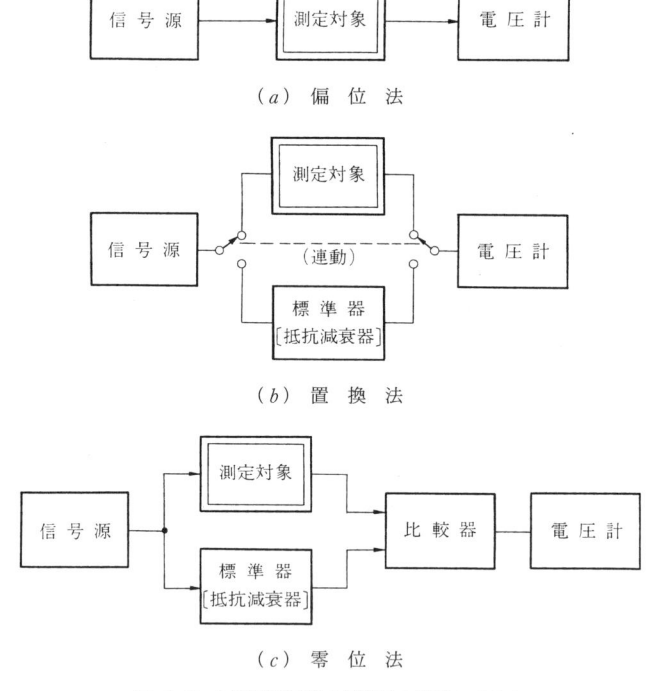

図 **1.2** 2端子対回路の伝送量の計測システム

ではあるが，出力電圧の確度と電圧指示値の確度とで測定確度が定まるので，高確度測定には向かない．図(b)の置換法においては，確度は標準器とする可変抵抗減衰器の確度でほぼ定まるので，高確度が得やすい．図(c)の零位法においては，状態量の測定で述べたように比較器に問題があるため，一般には置換法を用いることが多い．置換法と零位法とに用いる標準器は，抵抗，コンデンサなどの安定な受動部品で構成されているものが望ましく，標準器への能動素子の使用は原則として避けるべきである．

1.3 アナログ計測とディジタル計測

1.3.1 ディジタル計測とは

これまでに述べた計測システムはすべてアナログ計測である．**アナログ計測**(analog measurement)とは，計測量を連続的に変化しうる表示量に変換して測定値を得ることをいう．その際，測定者は指針の振れのようなアナログ量を10進数のディジタル量に変換する作業を行っている．かつてはすべてアナログ計測であったが，近年のディジタルエレクトロニクスの進歩によって，測定値を数字表示する計測器が増加し，それらのディジタル計測器を用いる**ディジタル計測**(digital measurement)が広く適用されるようになっている．

ディジタル計測器においては，アナログ信号をディジタル信号に変換する機構，すなわちアナログ-ディジタル変換(A-D変換)回路によって計測量をディジタル信号とし，数字表示部に入力している．ディジタル信号は，計測量の表示のみでなく，データ伝送，データ処理，システム制御などに有利である．ディジタル計測とは，ディジタル信号のこれらの特長を有効に活用する計測をいう．

アナログ計測とディジタル計測の原理的な相違を，次の例で理解されたい．

例 不整図形の面積測定

アナログ計測： 均一厚さの板から同一図形を切り取って重量を測定し，単位面積当たりの重量から比例換算する．

ディジタル計測： 図形を方眼紙に写し，図形中に含まれる単位面積の数

を数え，総数に単位面積を掛ける．

この例からわかるように，ディジタル計測システムにおいては，計測量をなんらかの単位量の数に変換する機構と，その数を計数する機構が必要である．

計測量によっては，単位量の数に変換する必要がなく，直ちに計数できるものがある．たとえば電気量における周波数，物理量における放射線量などであるが，そのような量はきわめて少なく，ほとんどの計測量では数に変換する機構を必要とする．最近のアナログ-ディジタル変換用集積回路(A-D変換IC)の発達が，ディジタル計測の普及の一因となっている．

1.3.2 自動計測システム

計測システムにおける機能向上の重点の一つに，システムの自動化がある．自動化の主な目的は，測定者の作業量を減らし，測定者による作業の誤りを防ぎ，かつ測定を速やかに行う点にある．測定者が測定実行中に行う作業は，大別して

1) 計測器の操作
2) 測定データの記録
3) 測定データからの情報の抽出

などに分けられる．アナログ計測の自動化は，1)と2)の作業量の軽減をねらいとし，ディジタル計測の自動化は，3)をも人手をかけずに実行することを可能とする．

自動化計測システムの例として，2端子対回路の伝送量計測システムを図1.3に示す(個々の計測器については4章で述べる)．図(a)のアナログ計測システムでは，計測器の制御信号はアナログ信号である．すなわち制御装置としてのこぎり波発生器を使用し，その電圧に比例して信号発生器の周波数とX-YレコーダのX軸ペン位置とを変化させる．この測定方法の特長は，測定結果が図形で表示されるので，全体の特性が目視によって容易に把握できることであり，被測定回路の回路定数値の変化と特性変化との関係をみる場合などに適している．

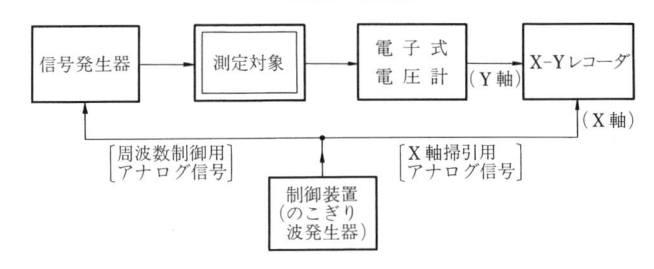

1.3 アナログ計測とディジタル計測　　9

(*a*) アナログ計測システム

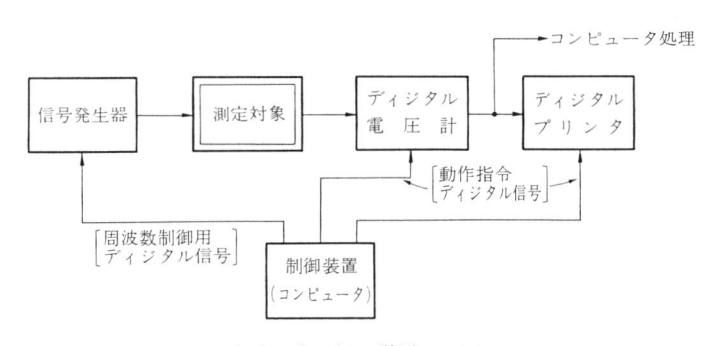

(*b*) ディジタル計測システム

図 *1.3*　2端子対回路の伝送量自動計測システム

　図(*b*)のディジタル計測システムでは，計測器の制御信号は符合化パルスのディジタル信号である．すなわち制御装置として計測器制御用コンピュータを使用し，決められたプログラムに従って制御信号をそれぞれの計測器に伝送する．この測定方法の特長は，高確度，高機能が得やすいことである．特に制御プログラムを変換することによって，いろいろな測定命令を実行できる点が有利である．ディジタル計測法については **5** 章で詳しく説明する．

　自動計測システムは，同じ測定を繰り返し行うときに適する．製品の調整，検査などにおいて，自動システムが広く用いられている．

演習問題

1.1 2端子対回路の減衰量あるいは利得は，ふつうdB値として測定する．dB値を用いる理由を述べよ．

1.2 図1.1(c)の零位法のシステムで直流電圧を測定するとする．
 (a) 比較器の回路構成を考案せよ．
 (b) 比較器で生ずる可能性がある誤差の原因を述べよ．
 (c) その誤差を除く方法を述べよ．

1.3 図1.2(b)と図(c)は減衰量の計測システムである．増幅器の利得が測定できるシステムに変更せよ．

1.4 2端子対回路の減衰量と移相量の零位法計測システムを考案せよ．

2. データ処理

2.1 情報の抽出

　計測の目的とする所要情報を得るには，計測システムから得られる出力データをなんらかの方法でデータ処理して情報を抽出する．所要情報としては，未知量の値，その値のあいまいさ，異常状態の発生の有無，被測定物の特性の良否などがある．

　従来の計測論では，測定データと未知量との関係から，測定方法を**直接測定**(direct measurement)と**間接測定**(indirect measurement)に分けている．直接測定とは，測定データの値が直ちに未知量を示す場合である．また間接測定とは，測定データ群に演算を行って未知量を得る場合であって，未知量が直接には測定できない場合，あるいは他の量の測定値から間接的に求めるほうが全体として作業が容易である場合に用いられる．間接測定においてデータ処理が必要であることは当然のことであるが，直接測定においてもデータ処理を行うことがある．その一例は，繰返し測定によって得られたデータの処理で，最確値としての平均値およびあいまいさ評価のための標準偏差を求める演算である．

　アナログ計測においては，出力量は指示計器の指針の振れ，ペン書き記録図形などであり，それらからの情報抽出は測定者が行う建て前である．その際，出力量の読取りには，多かれ少なかれ個人差が生じ，読み誤り，演算の誤りなども生ずる可能性がある．かつては高確度に重きをおくアナログ計測では，多数回の繰返し測定を行って，測定者によって生ずる誤差を減少させる方法が広

2. データ処理

く用いられていた．

しかしディジタル計測法の進歩により，データ測定およびデータ処理の作業に測定者はできるだけ関与しない方向に移行しており，測定者の影響を完全に除くことも可能となっている．したがってデータ処理システムまで含めたディジタル計測法では，多数回の繰返し測定を行う必要はなく，行っても誤差の減少はほとんど期待できない．ただし，繰返し測定による再現性の確認は，計測システムの動作の良好さの確認と，測定対象が不安定性をもたないことの確認との意味で，ディジタル計測においても重視しなければならない．

計測の目的とする所要情報には，計測量に関する定量的情報のほかに，計測量の判定結果に関する定性的情報がある．たとえば，異常状態の発生の有無，被測定物の特性の良否などであって，状態量の判定の場合は監視法，特性の判定の場合は試験法，検査法などに適用されている．判定方法は多くの場合，基準値との比較で行うので，データ処理としては単純である．考慮を要するのは，判定結果を作業者に明瞭に伝えるための表示方法である．ディジタル計測におけるデータ処理および表示システムの例を**図 2.1**に示す．

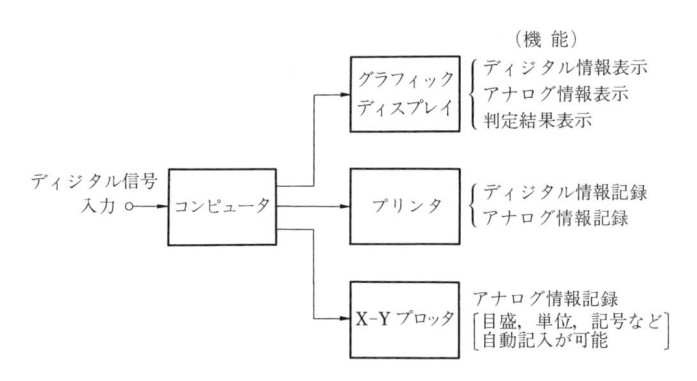

```
                                      （機能）
                         ┌─────────┐  ┌ ディジタル情報表示
                    ┌──→│グラフィック│─┤ アナログ情報表示
                    │    │ディスプレイ│  └ 判定結果表示
                    │    └─────────┘
ディジタル信号  ┌─────────┐  ┌─────┐  ┌ ディジタル情報記録
    入力  ○──→│コンピュータ│──→│プリンタ│─┤ アナログ情報記録
                │         │  └─────┘  └
                └─────────┘
                    │    ┌─────────┐   アナログ情報記録
                    └──→│X-Yプロッタ│  ［目盛，単位，記号など］
                         └─────────┘  ［自動記入が可能］
```

図 **2.1** データ処理および表示システム

ディジタルシステムでは希望する情報表示方式を採用できるので便利である．ただ，システム全体が大規模になることと，コンピュータ用プログラム作成能力が必要な点で，負担が増すことはやむを得ない．なお，所要情報を直ちに必要とするのでなければ，図のシステムとして一般用コンピュータを利用

し，オフライン処理を行ってもよい．

2.2 ディジタルデータ処理

2.2.1 最確値の決定方法

　本項では，ディジタルデータ群をコンピュータによって処理し，データ全体を最もよく近似するように未知量の**最確値**(most probable value)を決定する方法を述べる．

　前節で述べたように，データ処理を行うのは主として間接測定の場合である．データ数を N，未知量の数を n とすると，$N \geq n$ でなければならない．$N=n$ の場合は，連立方程式を単に解くだけなので省略し，$N \gg n$ の場合の未知量決定方法を考える．ディジタル計測においては，データ数の増加はデータ測定およびデータ処理における測定者の作業量を増加させることがなく，測定システムの動作の良好さの確認，近似の良さの評価，異常データの検出とその影響の除去などが行える利点がある．

　間接測定の代表例として，ある電気回路の周波数応答特性あるいは時間応答特性を測定し，測定データから回路パラメータを決定する場合を考える．回路形式はあらかじめわかっており，回路パラメータと応答との関係が次式で表せるとする．

$$A = f(x_1, x_2, \cdots, x_n, y) \tag{2.1}$$

ここで，A は応答で，たとえば(電圧/電圧)比，(電圧/電流)比などである．また，$x_1 \sim x_n$ は回路パラメータの値，y は周波数または時間である．

　いま，$y = y_i (i = 1 \sim N)$ における A の値を測定し，N 個のデータ $M_i (i = 1 \sim N)$ が得られたとする．まず，$x_k (k = 1 \sim n)$ の一次近似値(初期値)を $x_k^{(1)}$ とし，$x_k^{(1)}$ をなんらかの方法で決定する．求め方は個々にくふうを要するが，もしある y_i の近傍においては A が一つのパラメータ x_k でおおよそ決まる場合，すなわち

$$A \cong f(x_k, y_i) \tag{2.2}$$

の近似が成立する場合には，$x_k^{(1)}$ を容易に決定できる．

次に $x_k^{(1)}(k=1\sim n)$ を用いて，y_i に対する A の一次近似値 $A_i^{(1)}$ を式(2.1)から計算する．すなわち

$$A_i^{(1)} = f(x_1^{(1)}, x_2^{(1)}, \cdots, x_n^{(1)}, y_i) \quad (i=1\sim N) \tag{2.3}$$

測定値と一次近似値との差を $\delta A_i^{(1)} (\equiv M_i - A_i^{(1)})$ とすると，$\delta A_i^{(1)} \ll A_i^{(1)}$ であれば，$\delta A_i^{(1)}$ は A を x_k でテイラー展開したときの一次近似から次式で与えられる．

$$\delta A_i^{(1)} \cong \sum_{k=1}^{n} \left[\frac{\partial A}{\partial x_k}\right]_i^{(1)} \delta x_k \tag{2.4}$$

ただし，δx_k は x_k の最確値と $x_k^{(1)}$ との差であり，また

$$\left[\frac{\partial A}{\partial x_k}\right]_i^{(1)} = \left[\frac{\partial A}{\partial x_k}\right]_{x=x_k^{(1)}, y=y_i}$$

であるが，簡略化のため，以後 [ ] の添え字は省略する．

ここで**最小2乗法**(theory of least square)を適用し，式(2.4)の両辺の差の2乗和 S

$$S = \sum_{i=1}^{N}\left[\delta A_i^{(1)} - \sum_{k=1}^{n}\frac{\partial A}{\partial x_k}\delta x_k\right]^2 \tag{2.5}$$

を最小とする δx_k を求める．上式が最小になる条件は

$$\frac{\partial S}{\partial x_k} = 0 \quad (k=1\sim n) \tag{2.6}$$

この条件から，次の正規方程式が得られる．

$$\begin{bmatrix} \sum\left(\frac{\partial A}{\partial x_1}\right)^2 & \sum\frac{\partial A}{\partial x_1}\frac{\partial A}{\partial x_2} & \cdots\cdots & \sum\frac{\partial A}{\partial x_1}\frac{\partial A}{\partial x_n} \\ \vdots & \vdots & & \vdots \\ \sum\frac{\partial A}{\partial x_n}\frac{\partial A}{\partial x_1} & \sum\frac{\partial A}{\partial x_n}\frac{\partial A}{\partial x_2} & \cdots\cdots & \sum\left(\frac{\partial A}{\partial x_n}\right)^2 \end{bmatrix} \begin{bmatrix} \delta x_1 \\ \vdots \\ \delta x_n \end{bmatrix} = \begin{bmatrix} \sum\delta A\frac{\partial A}{\partial x_1} \\ \vdots \\ \sum\delta A\frac{\partial A}{\partial x_n} \end{bmatrix} \tag{2.7}$$

ただし，上式中の $\sum$ は，$i=1\sim N$ を表す．

式(2.7)の正規方程式を解いて δx_k を求め，$x_k^{(1)}$ を補正する．すなわち x_k

の二次近似値 $x_k^{(2)}$ は

$$x_k^{(2)} = x_k^{(1)} + \delta x_k \qquad (k=1 \sim n) \qquad (2.8)$$

式(2.4)が近似式であるため，$x_k^{(2)}$ が直ちに最確値にはならない．同様の補正を繰り返して行い，補正の効果がなくなったときの $x_k^{(s)}$ を最確値とする．

最確値群 $x_k^{(s)}$ がどの程度に測定データ群 M_i を近似するかは，最終の $\delta A_i^{(s)}$，すなわち

$$\begin{aligned}\delta A_i^{(s)} &= M_i - A_i^{(s)} \\ &= M_i - A(x_1^{(s)}, x_2^{(s)}, \cdots, x_n^{(s)}, y_i)\end{aligned} \qquad (2.9)$$

の標準偏差 σ

$$\sigma = \sqrt{\frac{1}{N}\sum_{i=1}^{N}(\delta A_i^{(s)})^2} \qquad (2.10)$$

で評価することができる．

正規方程式(2.7)の左辺の正規行列において，非対角項が対角項に比べて無視できる場合，すなわち

$$\sum_{i=1}^{N}\left(\frac{\partial A}{\partial x_k}\right)^2 \gg \left|\sum_{i=1}^{N}\frac{\partial A}{\partial x_p}\frac{\partial A}{\partial x_q}\right| \qquad (ただし，p \neq q) \qquad (2.11)$$

が成り立つ場合には，式(2.7)の各行は独立となり，補正量 δx_k は次式で簡単に求められる．

$$\delta x_k = \sum_{i=1}^{N}\delta A_i \frac{\partial A}{\partial x_k} \bigg/ \sum_{i=1}^{N}\left(\frac{\partial A}{\partial x_k}\right)^2 \qquad (2.12)$$

以上は M_i と A_i との差をデータ全体にわたって最小とするように合わせ込む方法であるが，相対的な差，すなわち $(M_i - A_i)/A_i$ を合わせたい場合もある．そのときは，式(2.4)の代わりに次式を用いる．

$$\frac{\delta A_i^{(1)}}{A_i^{(1)}} \simeq \sum_{k=1}^{n}\left[\frac{x_k}{A}\frac{\partial A}{\partial x_k}\right]_i^{(1)}\frac{\delta x_k}{x_k^{(1)}} \qquad (2.13)$$

すべての量を相対値として扱い，同様の演算を行えばよい．

実際にディジタルデータ処理を行うには，以上で述べた演算を実行するコンピュータ用プログラムを作成することになる．

2.2.2 適用例

前項で述べたデータ処理法の意味を理解するため，簡単な例について，測定者が手作業で行うデータ処理法と前項の方法とを対比しながら進めてみよう．

例として，図 2.2(a) に示す RC 並列回路について，インピーダンスの大きさ $|Z|$ をいくつかの周波数で測定し，そのデータから R と C の最確値を決定する場合を考えてみる．$|Z|$ を簡単に測定するには，端子電圧の大きさと電流の大きさを測定し，その比をとればよい．

$$Z = \frac{1}{\frac{1}{R} + j\omega C} \quad (2.14)$$

であるから，$|Z|$ は次式となる．

$$|Z| = \frac{R}{\sqrt{1 + (\omega RC)^2}} \quad (2.15)$$

$RC \equiv 1/\omega_c$ と置くと

$$\left.\begin{array}{l} \omega \ll \omega_c \text{ のとき } |Z| \cong R \\ \omega \gg \omega_c \text{ のとき } |Z| \cong 1/\omega C \end{array}\right\} \quad (2.16)$$

となる．したがって，測定データは図(b)の丸印のようになる．

(a) RC 並列回路　　　(b) $|Z|$ の周波数特性

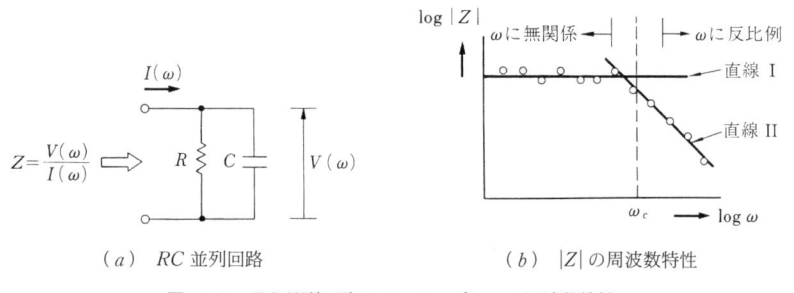

図 2.2　RC 並列回路のインピーダンスの周波数特性

それらのデータから R と C の最確値を決定するディジタルデータ処理法をいくつかの段階に分け，それぞれの段階を測定者が手作業で行うにはどのような作業をすればよいかを表 2.1 に示す．

以下，表 2.1 の進行順序でディジタルデータ処理法について説明する．手

2.2 ディジタルデータ処理　17

表 2.1　データ処理の進行順序

	測定者の手作業による処理	ディジタルデータ処理
1	両対数グラフ用紙にデータをプロットする．(図 2.2 (b)参照)	データの入力
2	透明な直線定規を，横軸に平行にして，ω に無関係な領域のデータ群に当てる．	R の一次近似値 $R^{(1)}$ の決定
3	もう一つの直線定規を，45°の角度で，ω に反比例するデータ群に当てる．	C の一次近似値 $C^{(1)}$ の決定
4	横軸に平行な定規を平行移動してデータ群とよく一致させ，直線Ⅰを引く．	$R^{(1)}$ の補正
5	45°の定規を平行移動してデータ群とよく一致させ，直線Ⅱを引く．	$C^{(1)}$ の補正
6	直線Ⅰから $R=\|Z\|$ を読み取り，直線Ⅱから $C=1/\omega\|Z\|$ を読み取る．	R と C の最確値の決定
7	直線Ⅰ，Ⅱに対するデータのばらつきをおおよそ評価する．	標準偏差の評価
8	直線Ⅰ，Ⅱに対してずれが特に大きいデータがないことを確かめる．	異常データの検出

作業による処理の内容と対比して，各段階について理解してほしい．

(1) **データの入力**：$\omega_i (i=1 \sim N, \omega_i < \omega_{i+1})$ における $|Z|$ の測定値 M_i ($i=1 \sim N$) を入力する．

(2) **R の一次近似値の決定**：式(2.16)に基づき，R の一次近似値を $R^{(1)} = M_1$ として決定する．

(3) **C の一次近似値の決定**：同様に，C の一次近似値を，$C^{(1)} = 1/\omega_N M_N$ として決定する．

(4) **$R^{(1)}$ の補正**：補正は相対値で行うこととする（両対数グラフ用紙を用いるのと同じ考え）．式(2.13)をこの場合に適用して次式を得る．

$$\frac{M_i - |Z|_i^{(1)}}{|Z|_i^{(1)}} = \frac{\delta |Z|_i^{(1)}}{|Z|_i^{(1)}} \simeq \left[\frac{R}{|Z|} \frac{\partial |Z|}{\partial R} \right]_i^{(1)} \frac{\delta R}{R^{(1)}} + \left[\frac{C}{|Z|} \frac{\partial |Z|}{\partial C} \right]_i^{(1)} \frac{\delta C}{C^{(1)}}$$

(2.17)

上式の右辺の [ ] 内は，式(2.14)から次式となる．

$$\left.\begin{aligned}\frac{R}{|Z|}\frac{\partial |Z|}{\partial R} &= \frac{1}{1+(\omega RC)^2} \\ \frac{C}{|Z|}\frac{\partial |Z|}{\partial C} &= -\frac{(\omega RC)^2}{1+(\omega RC)^2}\end{aligned}\right\} \qquad (2.18)$$

式(2.7)の正規方程式を相対値の形式として用いると

$$\begin{bmatrix} \sum\left[\dfrac{R}{|Z|}\dfrac{\partial|Z|}{\partial R}\right]^2 & \sum\dfrac{R}{|Z|}\dfrac{\partial|Z|}{\partial R}\dfrac{C}{|Z|}\dfrac{\partial|Z|}{\partial C} \\ \sum\dfrac{C}{|Z|}\dfrac{\partial|Z|}{\partial C}\dfrac{R}{|Z|}\dfrac{\partial|Z|}{\partial R} & \sum\left[\dfrac{C}{|Z|}\dfrac{\partial|Z|}{\partial C}\right]^2 \end{bmatrix}\begin{bmatrix} \dfrac{\delta R}{R} \\ \dfrac{\delta C}{C} \end{bmatrix}$$

$$= \begin{bmatrix} \sum\dfrac{\delta|Z|}{|Z|}\dfrac{R}{|Z|}\dfrac{\partial|Z|}{\partial R} \\ \sum\dfrac{\delta|Z|}{|Z|}\dfrac{C}{|Z|}\dfrac{\partial|Z|}{\partial C} \end{bmatrix} \qquad (2.19)$$

ただし，添え字は省略してある．

　一般的には正規方程式を解いて一次近似値を求めることになるが，$|Z|$ の周波数特性は R の値にのみ依存する領域と，C の値にのみ依存する領域とにほぼ2分されること，すなわち式(2.18)の二つの関数は直交性が良く，式(2.11)の近似が成り立つことから，式(2.12)を相対値で表した形式で補正量が求められる．したがって，$R^{(1)}$ の相対補正量は次式で求まる．

$$\frac{\delta R}{R} = \sum_{i=1}^{N}\frac{\delta|Z|}{|Z|}\frac{R}{|Z|}\frac{\partial|Z|}{\partial R} \Big/ \sum_{i=1}^{N}\left[\frac{R}{|Z|}\frac{\partial|Z|}{\partial R}\right]^2 \qquad (2.20)$$

（5）　$C^{(1)}$ の補正：　同様に $C^{(1)}$ の相対補正量は次式で求まる．

$$\frac{\delta C}{C} = \sum_{i=1}^{N}\frac{\delta|Z|}{|Z|}\frac{C}{|Z|}\frac{\partial|Z|}{\partial C} \Big/ \sum_{i=1}^{N}\left[\frac{C}{|Z|}\frac{\partial|Z|}{\partial C}\right]^2 \qquad (2.21)$$

ただし，式(2.20)，(2.21)の計算には式(2.18)を代入し，また R, C の値としては $R^{(1)}, C^{(1)}$ を用いる．

（6）　**R と C の最確値の決定**：　R と C の補正を

$$\left.\begin{aligned} R^{(2)} &= R^{(1)}\left(1+\frac{\delta R}{R^{(1)}}\right) \\ C^{(2)} &= C^{(1)}\left(1+\frac{\delta C}{C^{(1)}}\right) \end{aligned}\right\} \qquad (2.22)$$

で行い，補正の効果がなくなった時点で R と C の最確値を出力する．一次近

似値 $R^{(1)}$, $C^{(1)}$ の評価が特に近似が悪くないかぎり,2～3回の繰返し補正で十分である.

(7) **標準偏差の評価:** $R^{(s)}$ と $C^{(s)}$ によるデータ群 M_i の近似の良好さを見るため,相対的なずれの標準偏差 σ_r を次式で求める.

$$\sigma_r = \sqrt{\frac{1}{N}\sum_{i=1}^{N}\left[\frac{M_i - |Z|_t^{(s)}}{|Z|_t^{(s)}}\right]^2} \times 100 \ [\%] \qquad (2.23)$$

σ_r は,使用計測器の規格から評価したデータ測定確度よりも,ふつうは小さいはずである.

(8) **異常データの検出:** データ測定確度より大きい $(M_i - |Z|_i^{(s)})/|Z|_i^{(s)}$ があるか否かをチェックする.異常に大きいずれがあるときは,計測器の誤動作が生じた可能性があるので,データを再測定し,再現性の吟味を行う.

以上で述べたデータ処理はコンピュータを用いて簡単に行うことができる.

次に時間応答特性へのデータ処理法の適用について述べる.図 **2.3**(a) の RC 並列回路にステップ電流 $i(t)$ を加えたとき,端子電圧 $v(t)$ は

$$v(t) = RI[1 - e^{-(t/RC)}] \qquad (2.24)$$

となるから,$v(t)$ を離散的なデータとして測定すると,図(b)の丸印のようなデータ群となる.

(a) RC 並列回路　　　　　(b) ステップ応答特性

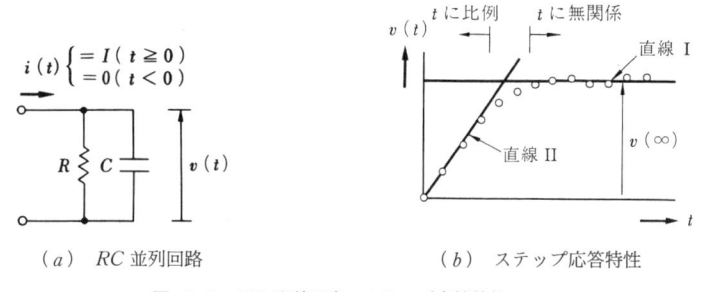

図 **2.3** RC 並列回路のステップ応答特性

手作業で R と C を求めるには,まず定常状態になったデータ群に対してよく一致するように横軸に平行に直線 I を引く.直線 I から $v(\infty)$ を読み取り

から R が求まる．次に，立上り部分に対してよく一致するように直接 II を引いで，傾斜 $\tan\theta$ を読み取る．

$$\tan\theta = \lim_{t\to 0}\frac{dv}{dt}=\frac{I}{C} \qquad (2.26)$$

であるから，次式で C が求まる．

$$C=\frac{I}{\tan\theta} \qquad (2.27)$$

このような作業は，前述の周波数応答特性の場合ときわめて類似しており，したがって，時間応答特性からもディジタルデータ処理によってパラメータ最確値が決定できることが理解できよう．なお，時間応答特性測定においては，時間原点が不確実な場合があり得るが，図(b)からわかるように，立上り部分の一致の良好さから，時間原点の最確値も決定できる．

2.2.3 スペクトル分析

信号から情報を抽出する信号解析の重要な方法として，波形から周波数成分の分布を求めるスペクトル分析が広く用いられている．スペクトル分析の手法は，アナログ信号処理とディジタル信号処理に分けられる．アナログ信号処理はフィルタで周波数成分を取り出し，振幅を測定する方法である．ディジタル信号処理は，アナログ信号を一定時間間隔でサンプルして離散的なディジタル信号に変換した後，ディジタル信号に演算を行ってスペクトル分布を求める方法である．スペクトル分析に用いる計測器については **4.6** 節波形分析器で，またアナログ信号をディジタル信号に変換する方法については **3.3** 節ディジタル変換で説明する．

ディジタルデータのスペクトル分析には，**FFT** と略称される**高速フーリエ変換**(fast Fourier transform)が使用され，その演算は FFT 処理の専用装置またはコンピュータの FFT 処理サブルーチンを利用して行われる．ここではディジタルデータとスペクトル分析の概念について簡略に述べることとする．

(ページ冒頭: $R=\dfrac{v(\infty)}{I}$ \qquad (2.25))

実用面についてはFFT処理計測器またはFFTサブルーチンの解説を参照していただきたい．

連続的な時間関数$f(t)$のフーリエ変換，すなわちスペクトルは次式のように定義される．

$$F(\omega)=\int_{-\infty}^{\infty}f(t)e^{-j\omega t}dt \qquad (2.28)$$

$f(t)$と$F(\omega)$は，両者とも実変数の複素関数であってよい．また逆フーリエ変換の定義は

$$f(t)=\frac{1}{2\pi}\int_{-\infty}^{\infty}F(\omega)e^{-j\omega t}d\omega \qquad (2.29)$$

（数学書では上記の二つの式を対称的に表すため，係数$1/\sqrt{2\pi}$を両式に付ける定義も行われている．）

ここで，時間関数$f(t)$を微小時間間隔TでサンプルされたN個のデータ群$f(nT)$で表し，スペクトル$F(\omega)$を$F(k\Omega)$で表すとする．ただし，$0\leq n\leq (N-1)$，$0\leq k\leq (N-1)$であり，$\Omega=2\pi/NT$はωの増分である．離散的なフーリエ変換，略称 **DFT**（discrete Fourier transform）は次式で定義される．

$$F(k\Omega)=\sum_{n=0}^{N-1}f(nT)e^{-jk\Omega nT} \qquad (2.30)$$

また，逆DFTは次式で定義される．

$$f(nT)=\frac{1}{N}\sum_{k=0}^{N-1}F(k\Omega)e^{jk\Omega nT} \qquad (2.31)$$

ωとしては，$k=0,1,\cdots,(N-1)$に対応するN個の値をとることになり，式(2.30)から求まるスペクトルは，周期NTをもつ時間関数$f(nT)$の周期的な数列の計算，すなわち$f(nT)$のフーリエ級数展開を行ったものと考えられる．

離散的なデータ群を用いて良い近似を得るにはデータ数Nが大でなければならない．しかし，式(2.30)のDFTの計算では，N^2回の複素数の掛け算と足し算を行う必要があるため，Nが大になると計算時間は急激に長くなってしまう．

高速フーリエ変換（FFT）は，短時間の計算で式(2.30)の結果を得る方法で

あって，計算量が N^2 の代わりに $N\log_2 N$ に比例するので，データ量が増すほどその効果は著しくなる．前述のようにコンピュータのサブルーチンとしてFFTを簡便に使用できるので，FFTの計算手法については省略する．

2.3 誤差の評価

2.3.1 計測器の確度

正確な測定を行うときは正確な計測器を使用するのが当然であって，測定値の確度は主として計測器の確度に依存する．したがって，測定誤差の評価方法を考えるのに先立って，計測器の確度の表現方法，確度の維持方法などについて理解しておく必要がある．

計測器の**確度**(accuracy)とは，国家標準器に対する相違の限界を表す量であって，次の3とおりのいずれか，またはそれらの組合せで表示される．

 1) 読取り値(reading，略記 rdg)の％またはdB表示．
 2) 測定レンジすなわちフルスケール値(full scale，略記 fs)の％またはdB表示．
 3) 絶対値による表示．

dB表示は読取り値がdBのときに用いられる．1 dBの変化は12％の変化に相当し，1 dB以下の値は比例計算で求めればよい．読取り値の確度には，目盛の読取り分解に基づく読取り誤差を一般に含めている．表示確度から測定値のあいまいさを求める例を次にあげる．

例 1 アナログ電圧計の3 Vレンジの確度が
$$\pm[2\%\text{ fs}+2\%\text{ rdg}]$$
で表されるとき，1.50 Vの指示値を得たとする．あいまいさは
$$\pm\left[3\times\frac{2}{100}+1.50\times\frac{2}{100}\right]=\pm 0.09\ [\text{V}]$$
となるから，測定値は 1.50 ± 0.09 〔V〕になる．

例 2 ディジタル電圧計の2 Vレンジ(最大表示 1.999 V)の確度が

$$\pm[0.2\,\%\,\text{rdg}+1\,\text{ディジット}^\dagger]$$

で表されるとき，1.500 V の表示を得たとする．あいまいさは

$$\pm\left[1.500\times\frac{0.2}{100}+0.001\right]=\pm 0.004\,[\text{V}]$$

となるから，測定値は 1.500±0.004 [V] になる．

確度の表示においては，測定レンジ，使用周波数範囲などとの対応のほか，電源電圧の許容変動，使用温度範囲，使用湿度範囲，校正間隔（確度が保証される期間）などの条件が付けられる場合も多い．たとえば，電源電圧：AC 100 V ±5 % 以内，温度：23 ℃±5 ℃以内，相対湿度(relative humidity, 略記 RH)：95 % 以下，期間：180 日(6 か月)，などと表示される．

計測器の確度を長期間にわたって維持するため，計測器を国家標準と間接的に比較することによって国家標準に合わせることができる体系が構成されており，これを**トレーサビリティ**(traceability)という．計測器の確度の維持は各所の標準器の維持によって可能となる．各所の標準器を国家標準に対してトレースするシステムを図 *2.4* に示す．

国家標準の維持および向上は，産業技術総合研究所などの機関によって行われ，国家標準は外国の国立機関，たとえば米国の NIST (National Institute of Standards and Technology)などが維持する国家標準と比較されて国際的な統一がとられている．日本電気計器検定所と日本品質保証機構は，計器の検定を主な業務とするほかに，標準器を国家標準にトレースする業務および一般用計測器の校正業務を行っている．

高確度の計測器を製造している計測器メーカは，社内に恒温恒湿の標準器室を有し，日本電気計器検定所などを通して国家標準に定期的にトレースされている一次標準器群を保管している．一次標準器には，標準電池，標準抵抗器，標準容量，標準インダクタンス，標準減衰器，高周波電力計，高周波イミタンス標準などがある．一次標準器を日常的にひんぱんに行う校正業務に使用するのは好ましくないので，一次標準器にトレースした常用標準器を計測器の校

---

† ディジタル表示では最低位の数値の±1 の相違を±1 ディジットという．周波数カウンタでは±1 カウントといっている．

2. データ処理

```
┌─────────────────┐      ┌─────────────────┐
│ 国立研究開発法人 │      │ 国立研究開発法人 │
│ 産業技術総合研究所│      │ 情報通信研究機構 │
│   [電気量標準]   │      │   [周波数標準]   │
│   [物理量標準]   │      │   [時間標準]     │
└────────┬────────┘      └────────┬────────┘
         │                        │
         ▼                        │
┌─────────────────┐               │
│ 日本電気計器検定所│               │
│ 日本品質保証機構 │               │
└────────┬────────┘               │
         │                        │
         ▼                        │
┌─────────────────┐               │
│  計測器メーカ    │               │
│[一次標準器(社内標準)]├ ─ ─ ─ ─ ─ ┤
│ 常用標準器       │               │
└────────┬────────┘               │
         │                        │
         ▼                        │
┌─────────────────┐               │
│  計測器ユーザ    │◀ ─ ─ ─ ─ ─ ─ ┘
│   [常用標準器]   │
└─────────────────┘
```

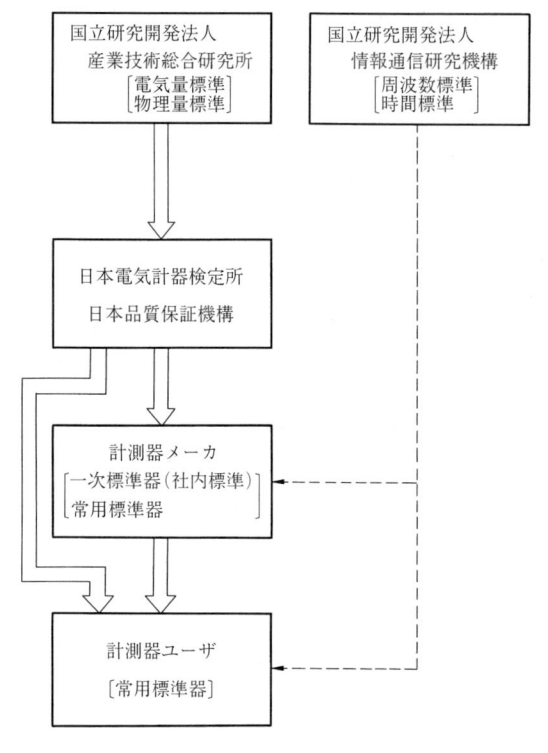

図 2.4　トレーサビリティ体系

正・検査に使用している．大規模な計測器ユーザは社内に標準器室または校正室をもうけ，確度の維持を行っている．このようなトレーサビリティ体系にそって定期的に検査を行うことによって，計測器の確度が維持される．

　国家標準として特殊なものが図 2.4 の標準電波である．情報通信研究機構は，周波数標準および時間標準として 40 kHz の標準電波を送信している．周波数測定器の確度の維持は標準電波との比較で行われる．

　計測器の定期的な検査においては，規格の確度が保たれていることを確認するだけでなく，指示値のずれを調べて校正表を作成することが多い．確度を高めたいときには校正表に基づいて測定値の補正が行われる．コンピュータによ

るディジタルデータ処理の一つの特長は，人手で測定データを補正する代わりに，あらかじめコンピュータに校正結果を入力しておき，データ処理を行うときに自動的に補正を行わせることができる点にある．

確度に関連して使用される用語に**精度**(precision)と**分解能**(resolution)とがある．精度という用語は確度よりも古く，永年にわたって用いられてきたが，その意味は明確でなく，同一測定を繰り返したときに測定値が一致する度合の意味で使用されたり，確度と同じ意味で使用されたりしてきた．精度という用語は現在でも使用されてはいるが，そのあいまいさを避けるため，確度(または正確さ)に統一されている．

一方，分解能とは読取り可能な最小量を意味し，ふつう絶対値または%で表される．かつては分解能が確度を限定する主因と考えられ，分解能の意味で精度という用語が用いられたこともあったが，エレクトロニクスの発達によって分解能の向上が容易となり，特にディジタル計測器においては分解能を確度よりも十分小さくする傾向にある．分解能の向上は読取り誤差の除去に役立つだけでなく，変化量の測定に使用でき，さらには綿密な校正によって確度向上をも図ることができる．測定データをある桁数の数値として得たとき，情報をもっている数字を**有効数字**(significant figure)という．分解能の限界まで読み取っても，全部が直ちに有効数字とはならないが，多数のデータの場合には全部が有効数字になり得ることがある．

2.3.2 誤差の原因

誤差(error)とは**真値**(true value)と測定値との差であるが，真値はあくまでも知ることのできない値である．測定対象とする量が国家標準として維持されている量と同じときは，国家標準を基準にした値を真値とし，誤差を評価している．いま，一つの量を繰り返して測定したとすると，測定値は**ばらつき**(dispersion)をもち，その平均値は真値と等しくならない．その差を**かたより**(bias)という．かたよりの原因となる誤差を**系統的誤差**(systematic error)，ばらつきの原因となる誤差を**偶然誤差**(accidental error)と呼んでいる．かた

よりとばらつきの発生源は，測定対象，計測器または計測システム，測定者，およびデータ処理方法に大別できる．

測定条件の変化，たとえば温度変化による測定対象自体のあいまいさは誤差とは直ちにはいえないが，他の誤差と区別がつかないので，結果的には誤差とみなされてしまうことになる．これを除去するには，測定条件を正確に制御する必要があるが，実際には困難なことが少なくない．

計測器で生ずる誤差が系統的誤差の主因となるが，確度以内のかたより，ばらつきは当然のことであってやむを得ない．電源電圧，温度，湿度などの計測器使用条件の変動は，確度評価の際に含めて考慮しているが，電気的雑音，機械的雑音などの外乱の影響，スイッチの接触不良などの計測器の性能劣化など，予測し難い不良データ発生もあり得ることを配慮することが望ましい．

いくつかの計測器を使用する計測システムでは，さらに誤差の原因が増加する．たとえば，計測器群と測定対象の配置と相互接続方法が不適切なため生ずる誘導障害，計測器の入力インピーダンスが測定対象に及ぼす影響の無視，インピーダンス不整合の影響の無視など，高周波において影響が大きくなるものが多い．これらによる誤差の除去にはある程度の経験が必要であるが，注意深く行えば除去できる場合が多い．

測定者によって生ずる誤差には，計測器の操作の誤り，指示値の読取りとデータ記録を行うときに生ずる誤りなどがあり，これらを**過失的誤差**(faulty error)という．過失的誤差は計測システムの自動化によって除去できる．また，測定者によってアナログ指示値の読取り値に相違が生じ，この誤差を**個人誤差**(personal error)というが，ディジタル計測器の使用によって個人誤差は除去できる．

データ処理において発生する誤差には，データ処理の理論式に近似が用いられるために生ずる**理論的誤差**(theoretical error)と，計算誤りによる過失的誤差とがある．

以上にあげた種々の誤差の多くは，データ処理まで一体化したディジタル計測システムの使用によって容易に減少させることが可能であり，最終的には計

測器の確度による誤差のみが残ることになる．したがって，高確度測定を行うにはできるだけ高確度の計測器を使用し，トレーサビリティ体系によって計測器の確度を維持することが重要である．

2.3.3 誤差の評価

　計測システムから得られる情報のあいまいさ，すなわち誤差は，データ処理システムまで含めた計測システム全体の確度で決まる．本項では計測システムの確度の評価方法とその確認方法について述べる．

　計測システムの確度を評価するには，まず誤差の発生源となる計測器について，個々の確度の吟味を行う．計測器の確度は規格で与えられるが，機能の向上に伴って確度表現が複雑になっているので，使用目的に対応する確度を読み取っているか，使用条件に適合する使用法をとっているか，確度の保証期間が限定されており定期的な検査を必要とするか，などの点に注意を払う必要がある．計測システムの構成としては，置換法または零位法を用い，1台の計測器の確度のみでデータの確度が決まることが望ましい．数台の計測器の確度が関与するときは，誤差が累積することになる．いま，ある量 A が直接測定可能な量 $p_1, p_2, \cdots, p_m$ の関数として次式で与えられるとする．

$$A = g(p_1, p_2, \cdots, p_m) \tag{2.32}$$

いま，測定値に誤差 $\delta p_1, \delta p_2, \cdots, \delta p_m$ が生じているとき，A の誤差 δA は次式で近似できる．

$$\delta A \cong \frac{\partial g}{\partial p_1}\delta p_1 + \frac{\partial g}{\partial p_2}\delta p_2 + \cdots + \frac{\partial g}{\partial p_m}\delta p_m \tag{2.33}$$

計測器の確度を，$E_1, E_2, \cdots, E_m$ とするとき，誤差はそれぞれの確度以内で分散していると考えられ，分散が**正規分布**(ガウス分布)であるとして，A の誤差を平均2乗誤差 ε で評価する．

$$\varepsilon = \sqrt{\left(\frac{\partial g}{\partial p_1}\delta p_1\right)^2 + \left(\frac{\partial g}{\partial p_2}\delta p_2\right)^2 + \cdots + \left(\frac{\partial g}{\partial p_m}\delta p_m\right)^2} \tag{2.34}$$

$\delta p_1, \delta p_2$ などは実際には知ることのできない量であるが，$\delta p_1 < E_1, \delta p_2 < E_2, \cdots$

などの関係があるから，A の確度 E は次式で評価できる．

$$E=\sqrt{\left(\frac{\partial g}{\partial p_1}\right)^2 E_1^2+\left(\frac{\partial g}{\partial p_2}\right)^2 E_2^2+\cdots+\left(\frac{\partial g}{\partial p_m}\right)^2 E_m^2} \qquad (2.35)$$

計測システム全体としては，他の誤差が入り得るので，E の評価が適切であることを確認することが望ましい．その一つの方法は標準器を用いて測定し，標準器の値と測定値との差が E より小さいことを確認する方法である．標準器が細かい段階で使用できるときはシステム校正となる．

他の方法は，繰り返し測定を行って A の測定値の標準偏差を算出し，それが E より小さいことを確認する方法である．後者のみでは十分な確認とはいえないが，システムの動作が良好であることは確認できる．

ここで，2.1.1 項で述べた最確値に関し，誤差の評価方法を述べておく．

$$A_i=f(x_1, x_2, \cdots, x_n, y_i) \qquad (i=1\sim N) \qquad (2.36)$$

で与えられる関係において，y_i に対応する A_i の測定値 M_i が求められたとする．測定値群 $M_1\sim M_N$ から決定される最確値の確度は一般的には評価できず，最確値 $x_1\sim x_n$ は A を確度 E 以内で近似するものとの意味になる．誤差が，ある x_k のみから発生するとして x_k の確度の限界を評価することは可能であるが，評価が過大となる．ただし，式(2.11)の近似が成立するときは，x_k の確度 E_{x_k} を次式で評価できる．

$$E_{x_k}=\left(\frac{\sum\left[E_i\left(\frac{\partial A}{\partial x_k}\right)_i\right]^2}{\sum\left[\left(\frac{\partial A}{\partial x_k}\right)_i\right]^4}\right)^{1/2} \qquad (2.37)$$

ただし，E_i は A_i の確度，$(\ )_i$ は $y=y_i$ と置くことを表す．

演習問題

2.1 図2.2(a)において，$|V|$ と $|I|$ の測定確度がいずれも 1% とする．図(b)のようなデータ群がディジタルデータとして得られたとき，R と C の最確値の確度を求めよ．

2.2 表問 2.2 の校正表が与えられたとき，任意の表示値をディジタルデータ処理プログラム中で自動的に校正する方法を述べよ．

表問 2.2 校 正 表

表示値	校正値	表示値	校正値	表示値	校正値
0.00	0.00	40.00	40.20	80.00	79.04
10.00	10.08	50.00	50.05	90.00	89.28
20.00	20.24	60.00	59.70	100.00	99.70
30.00	30.30	70.00	69.37		

2.3 LCR 直列回路 ($Q \cong 100$) のアドミタンスの大きさ $|Y|$ の周波数特性を共振周波数を中心に測定したとする．データ群として，微小周波数間隔 Δf おきの $|Y|$ が得られたとき

 (*a*) 手作業による図式処理によって，LCR の最確値を決定する方法を述べよ．

 (*b*) ディジタルデータ処理によって，LCR の最確値を決定する方法を述べよ．

3. 計測量の変換

3.1 電気量への変換

3.1.1 セ ン サ

　電子計測技術の進歩によって，電気量以外の物理量，化学量などを電気量に変換したのち，電子計測器で測定する方法が広く使用されている．一つの物理量をそれと1：1の対応関係をもつ他の物理量に変換するデバイスを，**トランスデューサ**(transducer)または変換器といい，一方の物理量が電気量のトランスデューサは，通信・情報・計測などの分野で広範囲に利用されている．

　計測において電気量以外の計測量を電気量に変換するデバイスは，長らくトランスデューサと呼ばれてきたが，近年では**センサ**(sensor)あるいは**センシングデバイス**(sensing device)という呼び名が主として使われている．センサとは状態量の感知器の意味だが，光センサのように入力パワーの検出器の場合にも使用され，トランスデューサと明確な使い分けはされていない．

　センサには入力をそのまま出力に変換する受動形と，電源から与えられる電力を入力によって制御して出力を得る能動形に大別でき，微小量または微小変化量の検出においては，当然のことながら能動形がすぐれている．能動形の中心は半導体を用いる半導体センサで，IC技術の進歩によって複雑な構造のIC化センサが開発されており，それらはセンシングデバイスと呼ばれている．センサの用途は，状態量の定量的検出のみでなく，異常状態発生の感知器，一定状態に保つ自動制御システムの検出部など，広い範囲にわたっており，用途によって要求される特性も相違する．

計測に使用されるセンサの主な特性として，計測量によって相違はあるがおよそ共通するものをあげると

 1) 測定範囲
 2) 確　　度
 3) 感度(出力変化/入力変化)
 4) 入力-出力直線性
 5) 応答時間

などがある．

確度の維持には校正が必要で，センサ単体を校正する場合と，センサと電子計測器とを一体として校正する場合とがある．入力-出力の直線性すなわち比例性が良いときは簡単な校正で済むが，直線性の良くないときは校正データを増さなければならない．センサの非直線性を補正して直線性をよくする機構を**リニアライザ**(linearizer)といい，アナログ回路の入出力特性による方式をアナログリニアライズ方式，ディジタルデータを演算で補正する方式をディジタルリニアライズ方式と呼んでいる．IC化センサではアナログリニアライザをも含み一体化されたものがある．また，ディジタル計測器では，ディジタルリニアライズが可能なものがある．

確度の維持においては，センサの特性の経時変化を重視する必要がある．センサの特性の経時変化が大きいと，たとえ入念な校正を行ったとしても，短期間で役立たなくなる．確度を維持するためには，どの程度の間隔で校正する必要があるかを，あらかじめ認識しておくことが望ましい．

センサの応答時間とは，それよりも遅い変化であればセンサが入力に追従できる限界を表す．

3.1.2　温度-電気変換

温度計測は工学全般にわたって重要であって，電子・通信工学においても，材料，部品，装置などの特性は，程度に差はあるがすべて温度依存性を示す．それゆえ，温度測定さらには温度制御は日常的に欠くことのできない技術であ

る．温度-電気変換を行う**温度センサ**(temperature sensor)には，古くから使用されている種々の**熱電対**(thermocouple)，**白金抵抗線**(platinum resistance wire)，**サーミスタ**(thermistor)などのほか，IC 化された半導体センサも製品化されている．

これらのセンサは，温度を起電力，抵抗，電流などに変換でき，通常，電圧計，抵抗計などと組み合わせて温度を直接に表示する温度計として市販されている．一方，半導体センサ以外は，センサ単体として規格化されており，一般的な互換性が得られるようになっている．主な温度センサの構成を**図 3.1**に，またそれぞれの特性の概要を**表 3.1**に示す．

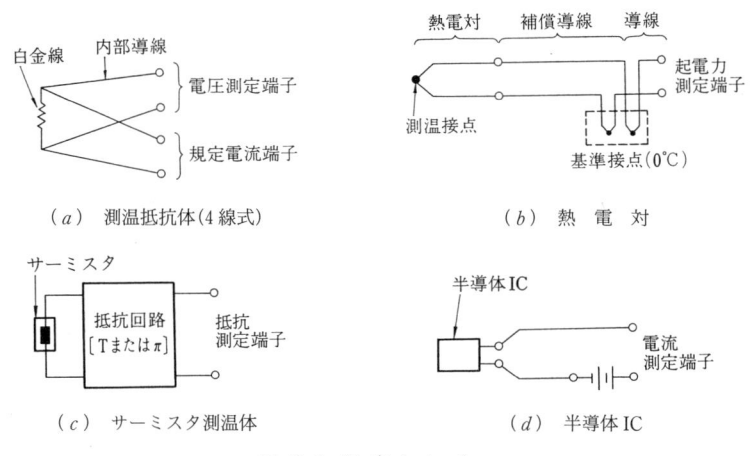

図 3.1 温度センサ

測温抵抗体(resistance bulb)は，公称抵抗値(10 °Cの値)100 Ω の白金線を枠に巻いた測温部，端子へ接続する内部導線，およびそれらを被測温物または雰囲気によって侵されないようにする保護管からなる．図(a)は4線式内部導線の場合で，規定電流(1, 2, 5 mA)を流したときの内部導線の抵抗による電圧測定誤差が除去できる．片側を単線とした3線式と両側とも単線とした2線式もあるが，線数の多いほうが当然のことながら確度が高い．抵抗値の温度特性として，0 °Cの抵抗値を基準とする10 °Cごとの規準抵抗値が規格で与えられている．測温抵抗体は感度 ($\partial R/\partial T$) は低いが，直線性が良く経時変化がきわめ

3.1 電気量への変換

表 3.1 温度センサの特性

名　　称	JIS記号	出力電気量	測定範囲〔℃〕	確度〔%〕†
測温抵抗体	Pt 100	抵　抗	低温用　−200〜100 中温用　　　0〜350 高温用　　　0〜650	0.15, 0.3
熱　電　対 　白金-白金ロジウム 　クロメル-アルメル 　クロメル-コンスタンタン 　鉄-コンスタンタン 　銅-コンスタンタン	 R K J E T	 起電力	 0〜1 400 −200〜1 000 −200〜　700 −200〜　600 −200〜　300	 0.25 0.4, 0.75 0.75 0.75, 1.5 0.75
サーミスタ測温体 (素子互換式)		抵　抗	−50〜350 の間の 100〜150	0.3〜1.5
半導体 IC センサ		電　流	−50〜200	0.15〜1.5

† 確度は100℃以下では％を℃に読み換える．

て小さい点で他のセンサよりすぐれており，温度の実用標準器として広く用いられている．

熱電対は，2種の異なる導体の両端を接合して，2接点間に温度差を与えると回路中に熱起電力が生ずる効果，すなわちゼーベック効果を利用する温度センサである．2種の金属の組合せによって，表3.1に示すように測定範囲と確度が異なる．基準接点を0℃に保つとき，測定範囲における規準熱起電力の値が規格で与えられている．温度測定では，測温点と電気計器設置場所が離れていることが多く，そのときは図(b)のように，それぞれの熱電対に対して規定されている**補償導線**(compensating lead wire)を使用して長さを延ばす．

熱電対は保護管に入れたもののほか，線材としても市販されており，細い線を用いると熱容量が小さいので応答速度を速くしたいときに広範囲に用いられる．ただし，基準温度を必要とすることと，線材を曲げたりしてひずみを加えると特性が変化するので取扱いに注意を要する点が不便である．熱電対温度計としては，基準点を室温とし，半導体センサによって室温を検出して計測器内部で補償する方式のものがある．

サーミスタは金属(Fe，Ni，Mn など)の酸化物を焼結した半導体で，抵抗値が温度の逆数に指数関数的に変化する負の温度特性をもつ素子である．温度

測定のほかに，電力測定，利得制御など，計測器，通信機器に広く利用されている．高感度，小形，安価で，取り扱いやすい特長をもつが，直線性が悪いこと，焼結物のため特性のばらつきが大きくて互換性が悪く，経時変化もほかより大きいなどの短所がある．

サーミスタ測温体(thermistor for temperature measurement)は，特性を均一化して互換性を向上させ，抵抗値と抵抗偏差の標準温度特性を規格化したものである．図(c)は，互換性を高めるためにT形またはπ形の抵抗回路を挿入して抵抗温度特性をそろえる方式のセンサで，合成抵抗式サーミスタ測温体と呼ばれる．サーミスタは赤外線吸収による温度上昇を利用して赤外線-電気変換にも使用でき，非接触の温度センサとしても利用されている．

半導体温度センサはこれまでに述べたセンサより新しいものである．半導体p-n接合では順方向電流が一定のとき，順方向電圧は温度にほぼ比例する．したがって，ダイオードではその端子電圧，トランジスタではベース-エミッタ間電圧によって温度が検出できる．小形で高感度であり，直線性，経時特性も比較的によい．

最近ではアナログリニアライザと一体化した半導体ICセンサが製品化されている．トランジスタ形容器あるいは数mm角のセラミック容器にICを収めてあり，直線性も最高のものでは200℃まで0.3℃以内とすぐれている．図(d)のように直流電圧を加えると，数V以上では電圧に無関係に温度に比例する電流(1μA/℃程度)が流れるので，適当な負荷抵抗を接続して端子電圧を測定する．半導体のため最高温度が150～200℃程度と低い点はやむを得ない．

以上で述べた種々の温度センサの確度と分解能は，組み合わせて使用する電子計測器の性能にも依存し，ディジタル表示の計測器を使用するディジタル温度計では，±0.3℃の確度と0.1℃の分解能が得られる．ディジタル温度計では，内部メモリにセンサの特性を記憶させ，直線性補正をデータ処理で行うディジタルリニアライズ方式を採用しているものも多い．

高確度あるいは高分解能の特殊な温度計として，温度-周波数変換を利用する**NQR温度計**(nuclear quadrupole resonance，核4重極共鳴の略称)と**水晶**

温度計(quartz thermometer)がある．NQR温度計は塩素酸カリウム(KClO₃)中のCl³⁵の核4重極共鳴における共鳴周波数の温度依存性を利用するもので，周波数を測定するため10^{-3}℃の分解能が得られるとともに，センサ部の再現性と経時特性がすぐれており，標準温度計として製品化されている．水晶温度計は，周波数が温度変化に比例して低下する水晶振動子をセンサとし，水晶発振器の周波数変化を検出するもので，10^{-4}℃の分解能を持ち，超高分解能の温度計として製品化されている．

温度測定において特に注意すべきことは，被測定物と感温部との温度差がしばしば誤差の主因となることである．被測定物を固体，液体，気体に分けると，かくはんがよく行われている液体の場合に温度差が最も小さい．電子機器など，比較的に小形の固体の温度測定を行う場合は，保護管に収められたセンサは適せず，熱電対の測温接点を張り付けるか，あるいはフラット形半導体ICセンサを密着させるとよい．よく密着させたとしても，測温部の熱容量，接続導線の熱伝導などによって，被測定物の温度が変化することも考慮しなければならない．

3.1.3 光-電気変換

光を電圧，電流，抵抗などの電気量に変換するデバイスの発達は目ざましく，近年の光通信技術の発展と画像工学の進歩が必要性の基となっている．用途としては，像の検出のように状態検出に用いられる場合もあるが，入射光の光量検出あるいは入射光からの信号検出に用いられる場合も多く，後者の用途では，センサすなわち状態検出器というよりも信号変換器と呼ぶほうが適切である．しかし最近ではすべて**光センサ**と呼ぶ傾向にあるので，ここでも光センサと呼んでおく．

代表的な光センサの特性を**表3.2**に示す．表の値は相互比較のための概略値で，同様のセンサでも幅は広く．入射光の波長と光量とに適した光センサを選択するのは当然のこととして，応答時間は信号検出において重要である．たとえば変調光からの信号検出では，変調周波数に追従できる応答速度が必要で

表 3.2 光センサの特性（概略）

名　　称	波長領域〔μm〕	感　度〔W〕	応答時間〔s〕	出力電気量
光電子増倍管	0.2〜 1	10^{-12}	10^{-8}	電　流
ホトダイオード（Si）	0.4〜 1	10^{-10}	10^{-10}	電　流
光導電セル（PbS）	0.8〜 3	10^{-8}	10^{-4}	抵　抗
サーミスタボロメータ	0.3〜 5	10^{-6}	1	抵　抗
サーモパイル	0.3〜10	10^{-5}	1	起電力

ある．なお，計測用以外の光センサは省略する．

光電子増倍管(photomultiplier，略称ホトマル)は，古くから使用されている光電管と同様に光電子放出効果を利用する電子管で，陰極と陽極との間に10個程度の二次電子増倍電極（ダイノード）があり，放出された電子を次々に増倍して高感度を得るものである．紫外から近赤外に至る波長領域で最高の感度が得られ，かつ応答時間も比較的に速い点が長所で，寸法が大きいこと，機械的強度が低いこと，電源として安定な高電圧を必要とすることなどの短所がある．分光計，干渉計などにおける微弱光検出に使用されているが，半導体デバイスに置き換えられる傾向にある．

ホトダイオード(photodiode)は，半導体のp-n接合に光を照射して接合部に電圧を発生させる光起電力効果を利用する素子で，ふつう逆バイアス電圧を加えて電流として検出する．単純なp-n接合のダイオードのほか，pinホトダイオード，アバランシホトダイオード(略称APD)などの高感度・高速の素子があり，通常の分光計，干渉計のほか，特に変調光を用いる干渉測定に使用されている．

光導電セル(photoconductive cell)は，半導体バルクに光を照射すると光導電効果によって抵抗が減少することを利用する素子で，可視光用にはCdS，CdSe，赤外用にはPbS，InSなどがあるが，感度，応答速度ともホトダイオードに及ばないため，ダイオードの波長領域外の赤外用として分光計で使用されている．

サーミスタボロメータ(thermistor bolometer)は，光の照射による温度上昇を抵抗値変化として検出する素子で，**ボロメータ**とは光・電磁波などの放射を

熱に変換して検出する素子をいう．**サーモパイル**(thermopile)は，小形の熱電対を放射状に配列した素子で，光の照射による温度上昇を起電力として検出する．熱電対群は細線，リボン，薄膜などで構成する．

これらの素子は光で発熱させるため，応答時間がきわめて長く，感度も低いが，波長依存性をほとんどもたないので，光の強度を測定する光パワーメータのセンサとして用いられている．

以上の光センサは光ビームあるいは1点の光の検出用であるが，一次元または二次元的な光の分布が検出できるIC化光センサに**CCD**(charge coupled device)がある．イメージセンシング(像検出)用CCDは，きわめて小さい半導体光センサを直線上または格子状に配列したもので，二次元配列のCCDは従来のテレビカメラの撮像管に代わる素子として利用されている．CCDは，人工衛星から地球を探査するリモートセンシング(遠隔検出)用に使用されており，計測用センサとして利用が広まっている．

3.1.4 機械-電気変換

構造材のひずみ，応力，液体・気体の圧力，物体の変位あるいは厚さなどの機械的量を電気量に変換して計測する方式は，電子式のひずみ計，変位計などとして広く用いられている．

現用されている主な**機械量センサ**を表3.3に示す．また，機械量センサの原理的な構成を図3.2に示す．

静電容量形センサ(electrostatic transducer)は，図(a)のように被測定導体面に対向してプローブ電極を固定し，間隔の変化を静電容量の変化として検出する方式である．非接触で検出でき，最高1μm程度の分解能が得られる．プ

表 3.3 機械量センサ

形　式	検出機械量	出力電気量
静電容量形	変位, 厚さ	静電容量
渦電流形	変位, 厚さ	電圧
ひずみゲージ	ひずみ, 応力	抵抗
圧電形	圧力, 加速度	電圧

3. 計測量の変換

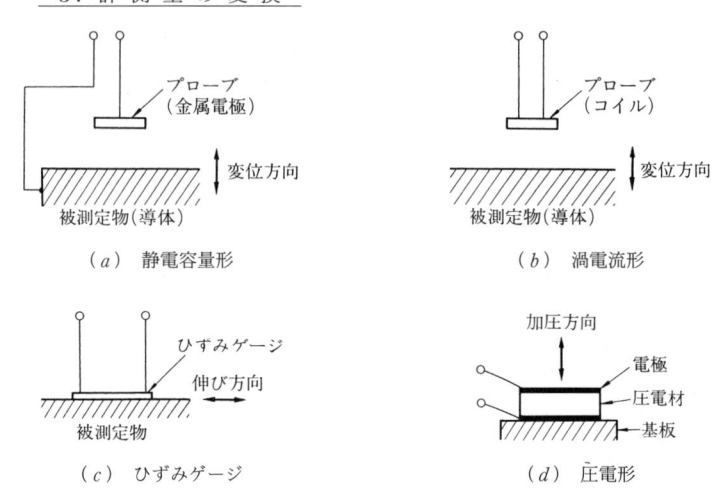

図 3.2 機械量センサ
(a) 静電容量形
(b) 渦電流形
(c) ひずみゲージ
(d) 圧電形

ローブ電極と導体面との間隔を一定とし，その間に誘電体の膜あるいは板を挿入すると，誘電体の厚さによって容量が変化するので，厚さも測定できる．静電容量形では，電極間に油膜など誘電率の異なるものが存在すると誤差を生ずる点に注意を要する．

渦電流形センサ(eddy current transducer)は，図(b)のように非磁性導体の被測定面に対向してプローブのコイルを固定し，数 MHz の高周波の一定電流をコイルに流すと，導体表面に渦電流が生じて見かけ上コイルに直列に抵抗を入れた効果が起こることを利用している．

渦電流形の特長は非接触で最高 $1\,\mu m$ 程度の分解能が得られ，かつ中間に油膜などの誘導体が存在しても影響を受けないことであり，$100\,kHz$ 程度までの振動変位が検出できる．表皮効果によって渦電流の層はきわめて薄いので，磁性体あるいは誘電体であっても，表面に非磁性導体の薄膜が付いていれば測定できる．二つのプローブを一定間隔で配置し，その間に金属板を挿入して板厚を検出する測定にも応用されている．

図(c)の**ひずみゲージ**(strain gage)は，金属線，金属薄膜，半導体薄膜などに伸びひずみを与えると抵抗が増加する効果を利用するもので，センサとして

の感度はひずみすなわち長さの変化率 $\Delta l/l$ と抵抗変化率 $\Delta R/R$ との比 $G=(\Delta R/R)(\Delta l/l)$ で表し，G をゲージ率という．G は金属で2程度，半導体では100程度なので，微小ひずみの検出には半導体ひずみゲージが使用される．

図(d)の**圧電形センサ**(piezoelectric transducer)は，圧電セラミックなどの圧電材料に力を加えてひずみを生じさせると，圧電効果によって分極電荷が発生することを利用するもので，感圧センサ，加速度センサとして製品化されている．分極電荷は電圧として検出できるが，短時間で放電するため，静圧力は検出できない．

機械量センサとしては以上のほかに，古くから使用されている差動トランス形の変位，圧力，回転角などの検出器，あるいは比較的に新しい感圧ダイオード，感圧トランジスタなどの半導体素子がある．

3.1.5 磁気-電気変換

磁束密度の測定には古くより探りコイルが使用されてきたが，最近では**半導体磁気センサ**が広く用いられている．半導体磁気センサには，**ホール素子，磁気抵抗素子**，および**磁気ダイオード**があり，いずれも半導体中を移動するキャリヤが磁界によって進路を曲げられる効果を利用している．

ホール素子は，**図 3.3**(a)のように薄片状半導体中を移動するキャリヤが磁界によって片寄るため，両側面の間に電位差が生ずる現象すなわちホール効果を用いている．ホール電圧と呼ばれる電位差は磁界に比例し，磁界の方向が逆になるとホール電圧の極性も反転するので，磁界の大きさと方向とを検出できる．また，ホール素子と増幅回路とを一体化したホールICもある．ホール素子は直線性が良く，磁束密度センサとしてはホール素子が主として用いられている．

磁気抵抗素子は，磁界によってキャリヤの経路が長くなり，抵抗が増す効果を利用している．図(b)の例では，短絡電極によって経路の変化を大きくしている．磁気抵抗素子はホール素子より直線性が悪く，また磁界の極性も検出できない．ホール素子と磁気抵抗素子では，磁界の影響を受けやすい点でキャリ

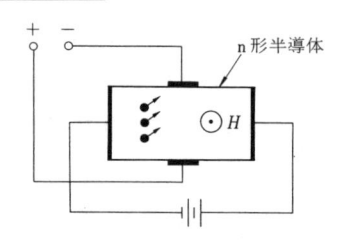

(a) ホール素子(n形半導体の場合)

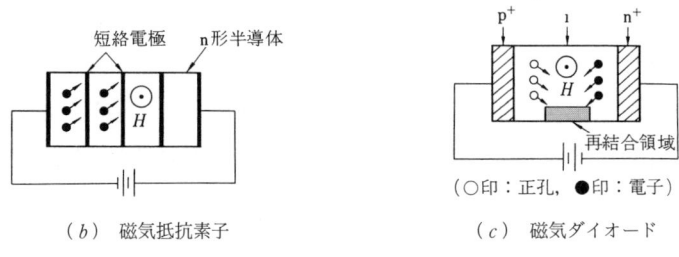

(b) 磁気抵抗素子

(c) 磁気ダイオード
(○印：正孔，●印：電子)

図 3.3 磁気センサ(○印：正孔，●印：電子)

ヤの移動度の大きい半導体が有利であるため，InSb，InAs，GaAsなどの材料が用いられる．

　磁気ダイオードは，図(c)のようにp^+-i-n^+構造の素子で，i領域の一部をキャリヤの再結合速度が大きい再結合領域としてあり，この部分に入る正孔と電子は再結合によって消滅し，電流が減少する効果を利用している．図(c)の磁界の方向では，正孔，電子とも再結合領域の方向に進路を曲げられるため電流は減少し，また逆方向の磁界では電流は増加する．磁気ダイオードは，感度はホール素子の数百倍あるが，周波数特性と直線性が悪いので制御用素子として用いられることが多い．

　磁気センサとしては上述のほかに，きわめて微弱な磁界を検出できるジョセフソン素子，磁気-周波数変換により高確度測定が可能な核磁気共鳴を利用するセンサなどがある．

3.2 アナログ変換

3.2.1 アナログ変換の目的

ある連続的な量を，一定の関数関係にあるほかの連続的な量に変換することを**アナログ変換**(analog conversion)といい，本節では入出力量とも電気量であるアナログ変換について述べる．計測量のアナログ変換の目的は，そのままでは直接に計測することが困難な量を取り扱いやすい信号に変換し，計測を容易にするためである．

入力信号に加える主な変換として，**レベル変換**(level conversion)，**周波数変換**(frequency conversion)，**レベル-周波数変換**(level-to-frequency conversion)などがある．

レベル変換とは，入力の大きさを変換することをいい，たとえば入力電圧が過大な場合は分圧器，減衰器などを用い，入力電圧が微小な場合は増幅器を用いて，適当なレベルの電圧に変換する方法が広く採られている．またレベル変換比に周波数特性をもたせ，特定の信号周波数成分を抜き出して，雑音のような不正信号を除去することも広く行われている．受動素子で構成する各種フィルタ，それらを増幅器と組み合わせた選択増幅器のほか，RC 素子と増幅器とを組み合わせた IC 化アクティブフィルタも普及している．

周波数変換とは，周波数がきわめて低い信号あるいはきわめて高い信号を，それと比例する振幅をもち，かつ取扱いが容易な周波数の信号に変換する操作で，チョッパ増幅器，サンプリング増幅器などがその例である．

レベル-周波数変換とは，入力信号のレベルに比例する周波数をもつ一定振幅の交流信号を得る操作であって，遠隔測定に以前から使用されてきたが，電圧-周波数変換とその逆の周波数-電圧変換の両者の機能をもつ IC の普及に伴って，計測システムにおいてもこれらの変換機能が各所で活用されている．

本節では，計測の分野で普遍的に使用されるとみられる変換方式と IC 変換

器について述べることとする．

3.2.2 レベル変換

計測システムのレベル変換器としては，IC化された**演算増幅器**(operational amplifier)が広く用いられている．オペアンプと略称される演算増幅器は，もともとはアナログ計算機の演算回路用に開発されたのでその名称で呼ばれているが，IC化によって特性が向上するとともに小形，低価格になり，現在では一般用のアナログ（リニア）ICのうち最も大量に生産され，万能増幅器として各所に使用されている．

演算増幅器の回路記号を**図3.4**(a)に示す．出力電圧 V_0 は零電位（接地電位）からの電圧を表し，記号では省略されているが実際には正電源と負電源とを接続する．図(b)はその等価回路で，理想的な電圧増幅器とみなして取り扱うことが多い．入力電圧 V_i は接地電位からの差電位であり，いわゆる差動形増幅器である．利得 A が一定である周波数範囲では，A は正の実数でかつ $A \gg 1$ としてよい．

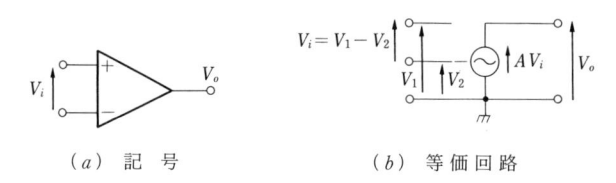

(a) 記号　　　　　(b) 等価回路

図 3.4 演算増幅器

演算増幅器の主な応用例を**図3.5**に示す．増幅器の記号を等価回路に置き換えて入力特性を求めてもよいが，ふつうは次のように簡便に考えてよい．すなわち，演算増幅器の利得 A はきわめて大きいので，飽和していない状態では演算増幅器の入力電圧はきわめて小さいはずであり，したがって演算増幅器の入力端では電圧，電流の両者とも零とみなしてよいとする．

このような条件で図(a)の例を考えてみると

$$\left. \begin{array}{l} V_1 = R_1 I_1 \\ V_2 = -R_2 I_1 \end{array} \right\} \tag{3.1}$$

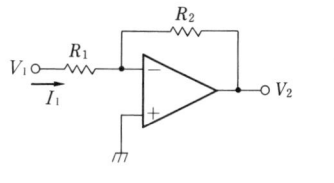

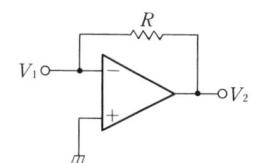

(a) 反転増幅器　　(b) 電流-電圧変換器　　(c) 非反転増幅器

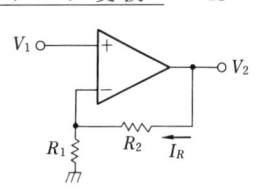

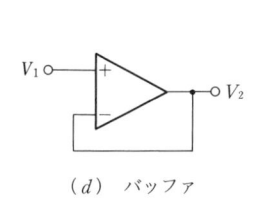

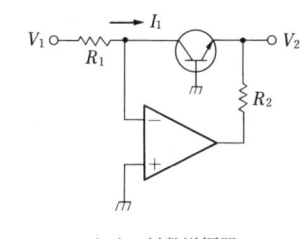

(d) バッファ　　(e) 対数増幅器

図 3.5　演算増幅器の応用例

となるから，全体の利得 $G=V_2/V_1$ は次式となる．

$$G=-\frac{R_2}{R_1} \tag{3.2}$$

ただし，そのように考えると，演算増幅器の入力端子の極性は逆でもよいように思えるが，出力端子からの帰還回路は常に演算増幅器の負の入力端子に接続しなければならない．その理由は，負帰還によって動作を安定化するためである．

式(3.2)からわかるように，図(a)の回路は入出力の極性が逆になるので**反転増幅器**と呼ばれ，全体の利得 G は演算増幅器の利得 A の変化の影響をほとんど受けない．この回路で $R_1=R_2$ とすれば，$V_2=-V_1$ となり，**極性反転器**（インバータ）が得られる．また，図(b)の回路では，$V_2=-RI_1$ となるから，**電流-電圧変換器**として使用できる．

図(c)は，同一極性の出力を得る**非反転増幅器**である．前と同様に考えれば

$$\left.\begin{array}{l}V_1=R_1 I_R \\ V_2=(R_1+R_2)I_R\end{array}\right\} \tag{3.3}$$

となるから

$$G = 1 + \frac{R_2}{R_1} \quad (3.4)$$

が得られる．R_1 を ∞ とすると，$G=1$ となり，図(d)の**バッファ**になる．この回路を，二つの回路の間に挿入すれば，相互接続の影響を除くことができる．

図(e)は，入出力電圧の関係が対数特性となる**対数増幅器**である．トランジスタのベース-エミッタ間の電圧 V_{BE} とエミッタ電流 I_E との間には次式の関係がある．

$$I_E = I_S[e^{(q/kT)V_{BE}} - 1] \quad (3.5)$$

ここで，q は電子の電荷，k はボルツマン定数，T は絶対温度を表し，I_S は逆方向飽和電流である．ここで，次式の近似が成り立つ程度に V_{BE} をとる．

$$I_E \cong I_S e^{(q/kT)V_{BE}} \quad (3.6)$$

この式から次式を得る．

$$V_{BE} \cong \frac{kT}{q} \ln \frac{I_E}{I_S} \quad (3.7)$$

$V_1 = R_1 I_1$, $V_2 = -V_{BE}$ を代入して，上式を V_1 と V_2 との関係で表すと

$$V_2 \cong -\frac{kT}{q} \ln \frac{V_1}{R_1 I_S} \quad (3.8)$$

となり，対数関係が得られる．

演算増幅器は，以上の応用例のほか，アナログ計算機に使用される加減算器，積分器などのアナログ演算回路に利用されることはいうまでもない．

IC 演算増幅器には，汎用品のほかに a) 高利得，b) 高速・広帯域，c) 低ドリフト(出力の変動が小さい)，d) 低消費電力など，特定の機能に重点を置いたものが製造されている．使用する際に考慮を要する主な特性は，1) 最大入力オフセット電圧，2) オフセット電圧の温度係数，3) 電圧利得，4) 帯域幅，5) 入力抵抗と出力抵抗などがある．

最大入力オフセット電圧とは，入力電圧が零のときの出力電圧を入力電圧に換算した値の最大値で，通常 1～10 mV 程度である．その影響を除くには，入

力回路にオフセット調整回路を付加し，零調整を行えばよい．オフセット電圧の温度係数とは，1°C当たりのオフセット電圧の変化であって，ある温度で零調整を行っても，温度係数が大きいと温度変化により出力が現れることになるから，温度係数は検出できる最小入力電圧の評価に重要である．通常 3〜10 μV/°C，低ドリフト・低雑音形では 1 μV/°C 以下である．電圧利得は 70〜120 dB，帯域幅(利得が 1 になる周波数．GB 積ともいう)は 1 MHz から 100 MHz 以上のものまで品種により大きく相違する．入力抵抗はふつう 10 kΩ 以上，高入力抵抗形では 10 MΩ 以上であり，出力抵抗は 100〜500 Ω 程度である．

レベル変換に使用される IC として，**アナログ乗算器**(analog multiplier)についてふれておく．これは X と Y の 2 対の入力端子をもち，2 入力の積を出力する IC で，演算増幅器と組み合わせて，乗算，除算，2 乗，平方根などの演算回路が構成できる．たとえば，電圧，電流を測定して電力を算出する場合などに便利である．

3.2.3 周波数変換

測定対象の電気信号の周波数変換を行う主な目的は，増幅と周波数選択の一方あるいは両方を容易にするためである．考えやすくするため，信号が次式の単一周波数のものとする．

$$v_s(t) = V_s \cos \omega_s t \tag{3.9}$$

得ようとする出力信号としては，次の 2 とおりがある．

$$v_0(t) = A V_s \cos(\omega_c + \omega_s)t \tag{3.10}$$

$$v_0(t) = A V_s \cos(\omega_s/n)t \tag{3.11}$$

ここで，A, ω_c, n などは定数で，知りたい情報が V_s のとき，A が既知であれば上式の信号から V_s を求めることができる．まず式(3.10)の変換を考える．

周波数が ω_s の信号を $(\omega_c + \omega_s)$ の信号に変換する回路は，通信装置における周波数変換回路あるいは単側波帯(SSB)変調回路であり，$(\omega_c + \omega_s)$ の信号を ω_s の信号に戻す回路は，単側波帯復調(検波)回路である．

3. 計測量の変換

周波数変換回路は**図3.6**のように，乗算器，発振器およびフィルタで構成される．

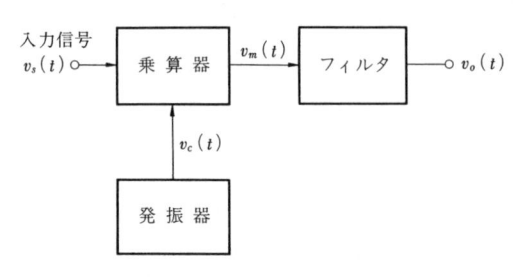

図 3.6 周波数変換回路

発振器出力 $v_c(t)$ を
$$v_c(t) = V_c \cos \omega_c t \tag{3.12}$$
とすると，乗算器の出力 $v_m(t)$ は
$$\begin{aligned}v_m(t) &= v_c(t)\, v_s(t) = V_c V_s \cos \omega_c t \cos \omega_s t \\ &= \frac{V_c V_s}{2}[\cos(\omega_c + \omega_s)t + \cos(\omega_c - \omega_s)t]\end{aligned} \tag{3.13}$$
となり，$\omega_s \ll \omega_c$ のとき，上式の信号を**平衡変調波**という．計測用の乗算器としては，**平衡変調器**(balanced modulator)が一般に使用されている．

単に増幅を行う場合には，平衡変調波のままでもよいが，式(3.13)の二つの成分のうち，$(\omega_c + \omega_s)$ の成分をフィルタで取り出せば，ω_s の信号を $(\omega_c + \omega_s)$ に変換した出力が得られる．

$(\omega_c + \omega_s)$ の信号または $(\omega_c \pm \omega_s)$ の信号からもとの ω_s の信号を得るには，再び図の構成の回路を通せばよい．すなわち，乗算器の出力 $v_m(t)$ は
$$\begin{aligned}v_m(t) &= \frac{V_c^2 V_s}{2} \cos(\omega_c + \omega_s)t \cos \omega_c t \\ &= \frac{V_c^2 V_s}{4}[\cos \omega_s t + \cos(2\omega_c + \omega_s)t]\end{aligned} \tag{3.14}$$
となるから，低域フィルタで ω_s 成分を取り出せばよい．また平衡変調波の場合は

$$v_m(t) = V_c^2 V_s \cos^2 \omega_c t \cos \omega_s t = \frac{V_c^2 V_s}{2}(1 + \cos 2\omega_c t) \cos \omega_s t \quad (3.15)$$

となるから，同様に低域フィルタで ω_s 成分を取り出せばよい．

　きわめてゆるやかに変化する信号の増幅には，演算増幅器を使用することも多いが，演算増幅器ではドリフトの影響が避けられないので，周波数変換を行って増幅が容易な低周波信号とし，増幅した後再び周波数変換で行ってもとの波形に戻す方法が広く用いられている．50/60 Hz の交流電源でリレー形スイッチを切り換えるチョッパ増幅器がその代表例である．

　乗算器を用いる周波数変換は，きわめて狭い周波数帯域で信号の選択を行う場合，たとえば周波数スペクトルの測定あるいは雑音にうずもれているような信号の検出などにも用いられる．狭帯域フィルタでは中心周波数を広範囲にわたって連続的に変化させるのは困難なので，フィルタの中心周波数は一定とし，発振器の周波数 ω_c を変化して $(\omega_s + \omega_c)$ のフィルタの中心周波数に合わせ，フィルタを通した後振幅を検出する方法が計測用の選択増幅器に用いられている．また，信号 $v_s(t)$ に，同一周波数で位相差 ϕ をもつ信号 $v_c(t)$ を掛けると

$$\begin{aligned}v_c(t) \cdot v_s(t) &= V_c V_s \cos(\omega_s t + \phi) \cos \omega_s t \\ &= \frac{V_c V_s}{2}[\cos \phi + \cos(2\omega_s t + \phi)]\end{aligned} \quad (3.16)$$

となり，低域フィルタで直流分を取り出すと，$\phi = 0$ のときに最大出力が得られる．このような信号検出方法を**同期検波**といい，乗算器を位相検出器あるいは位相検波器と呼ぶ．雑音の多い状態でも信号の大きさを検出できる計測器として，**ロックイン増幅器**(lock-in amplifier)の名称で製品化されており，微弱光の計測システムなどに用いられている．

　周波数変換のもう一つの方法は，式(3.11)のように信号周波数 ω_s を ω_s/n ($n \gg 1$) に変換する方法である．信号の周波数スペクトルが幅をもつとき，ω_s を $(\omega_c + \omega_s)$ に変換する方法ではスペクトル幅は変わらないが $1/n$ に変換する方法ではスペクトル幅も $1/n$ になるので，この方法を**周波数圧縮**ともいう．

周波数圧縮には**サンプリング**(sampling)が用いられる．これは高周波の繰返し信号を，同一波形の低周波信号に変換する方法で，変換された低周波信号を増幅し，波形観測，振幅測定，位相測定などを行う．サンプリングとは時間に対して連続的に変化するアナログ量を，時間に対してとびとびの(離散的)量の集合に変換する方法で，アナログ-ディジタル変換(A-D変換，**3.3.2**項で述べる)において常に用いられている．

図 **3.7**(a)に示すように，信号の1周期を整数分の一に等分し，それぞれの時点における振幅を検出すると，そのデータをなめらかに結ぶことによって，もとの波形が再生できる．このようなサンプリングは繰返し波形でなくても適用できるが，繰返し波形の場合には，1周期内の多数回のサンプリングの代わりに，図(b)のようにサンプリングの周期を1周期ずつ遅らせてサンプルしても同じ情報を得ることができる．信号の周期を T，サンプリング周期を $T+\Delta T$，$\Delta T = T/N$（N：正整数）とすると，1周期の波形を再生するのに必要なデータ数 N は同じであるから，N 個のデータを得るのに要する時間は，$N(T+\Delta T)=(N+1)T$ となる．すなわち，不連続なデータをなめらかにして得られる波形の繰返し時間は $(N+1)$ 倍となり，したがって周波数は $1/(N+1)$ に圧縮されることになる．

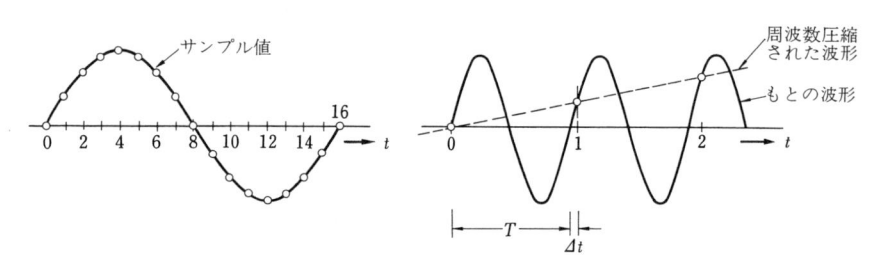

(a) 1周期の波形のサンプリング　　(b) 繰返し波形のサンプリング

図 **3.7** サンプリングによる周波数圧縮の原理

図 **3.8** にサンプリング回路の構成を示す．サンプリングパルス発生回路は，入力信号周波数よりわずかに低い繰返し周波数をもち，かつパルス幅のきわめて狭いパルスを発生する．サンプリングパルスはゲート回路に加えられ，パル

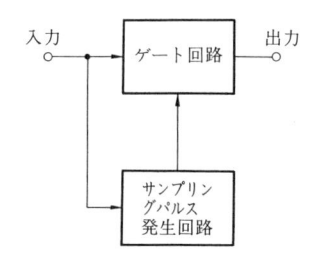

図 3.8 サンプリング回路

スの加わった期間中だけ入力信号が出力側へ通過する．ゲート回路にはトンネルダイオードのような高速スイッチング素子を使用する．

3.2.4 レベル-周波数変換

レベル-周波数変換とは，電圧，電流などを入力信号とし，それらの大きさに比例する周波数をもつパルス信号を得る操作をいう．この変換は，比例変換する点でアナログ変換に含めているが，アナログ量をパルスの数に変換するので，一種のアナログ-ディジタル変換とみることもできる．パルスで情報を伝送する場合は，同一情報をより少数のパルスで伝送できるほうがよいので，一般には符合化したパルスを用いる．しかし，回路構成を簡単にするため，レベル-周波数変換されたパルスをそのまま伝送する方式も温度の遠隔測定などで用いられており，電圧，電流などのアナログ信号を直接に伝送するよりも，伝送線路の特性の影響，雑音の影響を受けにくい点ですぐれている．

レベル-周波数変換には，IC化された**電圧-周波数変換器**(voltage-to-frequency converter)，略称 **V-F 変換器**(V-F コンバータ)を使用する．V-F 変換器の回路構成の代表例を**図 3.9(a)**に示す．

この回路は，V-F変換用ICの外部に RC 素子を付加して構成される．初期状態として，入力電圧 V_1 は零，積分器出力電圧 V_a は零，したがって，C_1 の電荷も零とし，電子スイッチは H 側になっており，C_2 は短絡状態とする．3.2.2項で述べたように，演算増幅器の入力電圧，入力電流は常に零とみなせるので，入力電圧 V_1 を加えたとき，入力電流 I_1 は次式となる．

50   3. 計 測 量 の 変 換

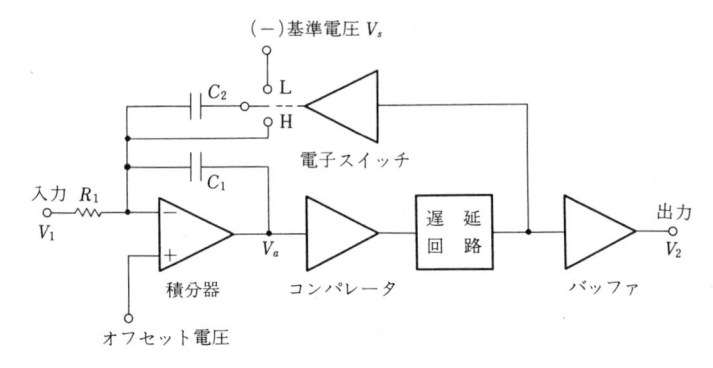

(a) 回 路 構 成

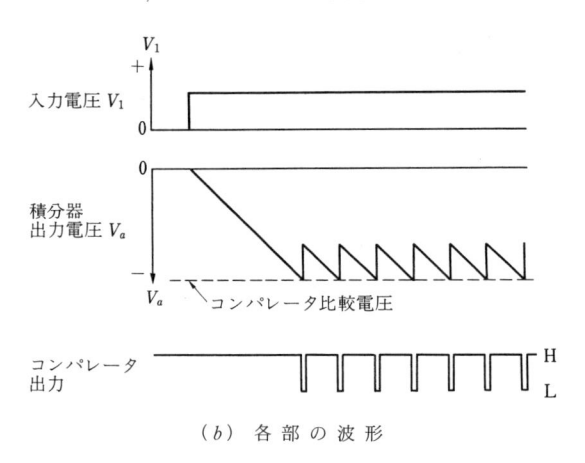

図 3.9 V-F 変 換 器

(b) 各 部 の 波 形

$$I_1 = \frac{V_1}{R_1} \tag{3.17}$$

I_1 が C_1 を流れるとき，C_1 の端子電圧すなわち演算増幅器の出力電圧 V_a は，図(b)に示すように負の値の値に低下していく．$t=t_0$ で V_1 を加えたとすると，$t=t_1$ における V_1 は

$$V_a = -\frac{1}{C_1}\int_{t=t_0}^{t_1} I_d dt$$

$$= -\frac{I_1}{C_1}(t_1 - t_0) \tag{3.18}$$

となる.コンパレータは,V_a がある比較電圧に達するまでは H(high),それを過ぎると L(low)の 2 とおりの電圧を出力する回路であって,コンパレータの出力の切換わりに連動して電子スイッチが切り換えられる.V_a がコンパレータ比較電圧に達すると電子スイッチは L 側に切り換えられ,それまで短絡状態にあった C_2 には基準電圧 V_s が加わり,これにより V_a は上昇してスイッチは再び H 側になる.遅延回路はスイッチの切換にわずかな時間遅れを生じさせて,遅延時間と同じ幅を持つパルスを得るために挿入してある.

V_a は再び低下していき,以後同様な過程を繰り返すから,図(b)のように,V_a はのこぎり波となり,コンパレータ出力は一定間隔のパルスとなる.のこぎり波の周期 T は,V_1 によって C_1 に加わる電荷 Q_1 と,V_s によって C_1 から減る電荷 Q_2 とが等しくなるように定まる.すなわち,積分器の入力端子電圧は常に零とみてよいことから

$$\left. \begin{array}{l} Q_1 = I_1 T \\ Q_2 = -C_2 V_s \end{array} \right\} \quad (3.19)$$

となる.$Q_1 = -Q_2$ と置き,$V_1 = R_1 I_1$ を用いて,パルスの繰返し周波数 $f = 1/T$ を求めれば,次式を得る.

$$f = \frac{1}{R_1 C_2} \frac{V_1}{V_s} \quad (3.20)$$

V-F 変換 IC の主な特性は,1)入力電流範囲,2)出力周波数範囲,3)直線性(比例性),4)出力波形(H と L のレベルとパルス幅),などである.たとえば入力電流範囲が 0〜+10 μA のとき,R_1 を 1 MΩ とすれば入力電圧範囲は 0〜+10 V となる.出力パルスの繰返し周波数の上限は 1 MHz 程度であって,それ以下を周波数上限とするときは,式(3.19)に従って C_2, V_s などを調整すればよい.直線性は通常 0.01% 以下と良好だが,変換誤差には温度特性も影響し得る.

レベル-周波数変換の逆変換が周波数-レベル変換であって,入力パルスの周波数に比例する電圧あるいは電流を発生させる操作である.V-F 変換 IC は接続を変えることによって,**F-V 変換器**(F-V コンバータ)としても使用できる

ので，**V-F-V 変換器**とも呼ばれる．

F-V 変換器の回路構成を図 **3.10** に示す．

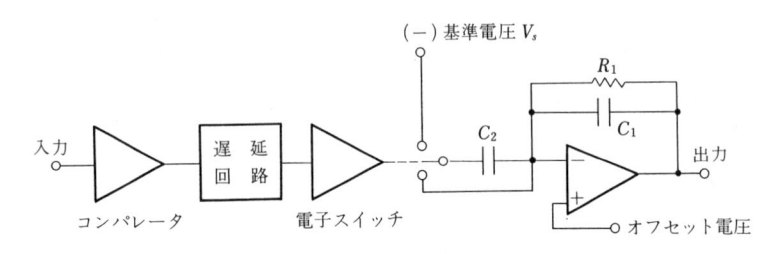

図 3.10 F-V 変換器の回路構成

図中の遅延回路は V-F 変換のときに必要であるが，F-V 変換では動作に関与しない．入力パルスはコンパレータによって波形整形され，比較電圧以下の雑音は除去される．電子スイッチは，入力パルス幅の期間，C_2 を短絡状態から基準電圧側に切り換える．C_2 には1回の切換ごとに $Q=-C_2 V_s$ の電荷が入り，1秒では $f_1 Q$ となる．入力パルスの周期 $T=1/f_1$ に比べて $R_1 C_1$ の時定数が大きければ，R_1 には $f_1 Q$ の一定電流が流れ，R_1 の端子電圧が出力電圧 V_0 と同じであるから，V_0 は次式となる．

$$V_0 = R_1 C_2 f_1 V_s \qquad (3.21)$$

V-F-V 変換 IC の F-V 変換時の主な特性は，1) 入力周波数範囲，2) 入力パルスの H レベルと L レベルの範囲，3) 入力パルス幅，4) 入力抵抗，5) 直線性などがあり，いずも V-F 変換時の特性に対応している．ただし，直線性のみは F-V 変換時のほうが10倍程度悪いが，通常のアナログ計測器で測定するのであれば，十分な比例性をもっている．

3.3 ディジタル変換

3.3.1 ディジタル変換とは

本書におけるディジタル変換とは，アナログ信号とディジタル信号との間の信号変換をいうこととする．ディジタル信号とは，情報をパルス符号化した信

号であって，計測量としては，電圧，電流などのアナログ量から人為的な操作によって作るものである．

アナログ量の電気信号をディジタル信号に変換する操作を**アナログ-ディジタル変換**または **A-D 変換**といい，ディジタル信号をアナログ信号に変換する操作を**ディジタル-アナログ変換**または **D-A 変換**という．あるディジタル信号を，それとは異なる形式のディジタル信号に変換する操作は，ディジタル-ディジタル変換と呼んでもよいであろうが，実際には，ディジタル信号を入出力する装置の間の接続に関する変換であるため，ディジタル装置の相互接続すなわちインタフェース(5.2 節参照)として扱っている．

本節では，まずディジタル信号に使用されるコード(符号)について述べ，次に A-D 変換と D-A 変換について説明する．

3.3.2 ディジタルコード

(a) 2 進コード　ディジタル信号の特長は，情報伝送において発生する誤りの防止が容易なことであって，2 進コード(binary code)では，信号の情報が "0" か "1" かの判定で識別されるため，正確な伝送に最も有利である．"0" か "1" かの情報すなわち 2 進数 1 個の情報量を **1 ビット** (bit, binary digit の略) という．われわれが日常的に使用している **10 進コード** (decimal code) で一つの数 N を表すとき，m 桁の数列 $[D_{m-1}, D_{m-2}, \cdots, D_0]$ となったとすると，N と数列の関係は

$$N = D_{m-1} 10^{m-1} + D_{m-2} 10^{m-2} + \cdots + D_0 10^0$$
$$= \sum_{i=0}^{m-1} D_i 10^i \quad (\text{ただし，} D_i : 0 \sim 9) \tag{3.22}$$

となる．また，N を n 桁(n ビット)の 2 進数の数列 $[B_{n-1}, B_{n-2}, \cdots, B_0]$ で表せば

$$N = B_{n-1} 2^{n-1} + B_{n-2} 2^{n-2} + \cdots + B_0 2^0$$
$$= \sum_{i=0}^{n-1} B_i 2^i \quad (\text{ただし，} B_i : 0, 1) \tag{3.23}$$

となる．2 進コードでは伝送の誤りは抑えやすいが，桁数が多くなるのはやむ

をえない．たとえば，8ビットの2進数で表せる最大の10進数は

$$N=\sum_{i=0}^{7}2^i=255 \qquad (3.24)$$

となる．もし最低位の桁以下を切捨てまたは切上げてあるとすると，最低位の数の±1のあいまいさを含むことになる(4捨5入するときは±0.5)．したがって，8ビットの2進数のあいまいさは

$$255\pm 1=255(1\pm 0.0039) \qquad (3.25)$$

すなわち0.4%となる．計測量をディジタル量で取り扱うとき，何ビットの数とするかは，識別できる最小変化すなわち分解能で決まる．

(b) BCDコード 計測器におけるディジタル信号として一般に使用され始めたのがBCDコードである．BCD(binary coded decimal)とは2進化10進の意味で，伝送誤り防止の2進数の特長と，10進数による数値表現に都合がよい特長とをもつ．

BCDコードでは，10進数の各桁の数字0～9をそれぞれ4桁の2進数で表す．すなわち，式(3.21)の係数 $D_{m-1}, D_{m-2}, \cdots$ を2進数で置き換えて

$$\begin{aligned}N&=(B_{m-1,3}2^3+B_{m-1,2}2^2+B_{m-1,1}2^1+B_{m-1,0}2^0)10^{m-1}+\cdots\\&\quad +(B_{0,3}2^3+B_{0,2}2^2+B_{0,1}2^1+B_{0,0}2^0)10^0\\&=\sum_{i=0}^{m-1}\left[\sum_{j=0}^{3}B_{i,j}2^j\right]10^i \quad (\text{ただし } B_{i,j};\,0,1)\end{aligned} \qquad (3.26)$$

N は $B_{i,j}$ の数列で表す．たとえば，2桁の10進数97は

$$\begin{aligned}97&=(1\times 2^3+0\times 2^2+0\times 2^1+1\times 2^0)\times 10^1\\&\quad +(0\times 2^3+1\times 2^2+1\times 2^1+1\times 2^0)\times 10^0\end{aligned} \qquad (3.27)$$

となるから，BCDコードでは $B_{i,j}$ の数列，1001 0111で表す．このような表現では，10進1桁に対応する4個の2進数が，$2^3, 2^2, 2^1, 2^0$，すなわち8,4,2,1にそれぞれ対応するので，BCD 8421ともいう．8421では合計の15まで表せるが，BCDでは9まで表せればよいので，4221のような対応が用いられたこともあった．現在では次のISOコードと共通させるため，8421に統一されている．

(c) ISOコード このコードは，国際標準化機構(International Organization for Standardization，略称 ISO)で標準化されたもので，当初は情報交換用米国標準コード(American Standard Code for Information Interlange)の略称であるアスキー(ASCII)と呼ばれた．ISO コードはわが国の日本工業規格(JIS)情報交換用符号とも共通性をもち，コンピュータ用コードだけでなく，ディジタル計測におけるデータ信号，制御信号などの表現に広く使用されている．

0〜9の数字，アルファベットの大文字と小文字，＋，−などの記号のほか，機能キャラクタと呼ばれる特殊機能の記号を含み，これらを総称して**キャラクタ**という．

一つのキャラクタは7桁の2進数で表され，$\sum_{i=0}^{6} 2^i = 127$ に 0 を加えて，128 のキャラクタが定められている．1 キャラクタの情報を**バイト**(byte)という．数字の1〜9のキャラクタは，BCD 8421 の上位に 011 を加えたものである．ISO コードは元来 7 ビットのコードであるが，情報の伝達過程で誤りが生じたときに直ちに検出できるよう，**奇偶検査**(parity check)用の 1 ビットを最上位に追加して，1 キャラクタが 8 ビットのコードとして用いることが多い．8 ビットのうちの"1"の総数が常に偶数になるように奇偶検査ビットを定める方法を偶数パリティ，常に奇数とする方法を奇数パリティという．

3.3.3 A-D 変 換

アナログ信号をディジタル信号すなわちディジタルコード化されたパルス信号に変換する操作を A-D 変換(A/D 変換)という．A-D 変換は，もともとは通信工学における**パルス符号変調**(pulse code modulation，略称 PCM)方式として発達したもので，計測・制御に現在多用されている A-D 変換 IC においても，変換の原理は共通している．A-D 変換の過程は，**図 3.11** に示すように，**標本化**(sampling)，**量子化**(quantizing)，および**符号化**(coding)の 3 操作からなる．

標本化は現在では**サンプリング**と呼ばれるほうが多いが，その操作は時間的に連続なアナログ信号から，ある時間間隔ごとに，それぞれの時点における信

(a) 入力信号

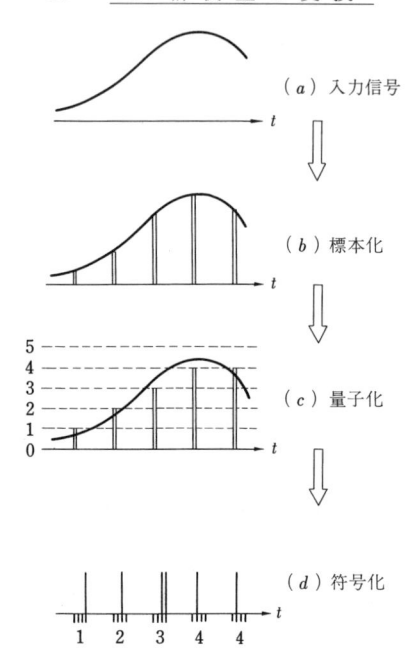

(b) 標本化

(c) 量子化

(d) 符号化

図 3.11 A-D 変換の原理

号の大きさを抽出する操作で，たとえば図の(a)→(b)のように同じ大きさを持つパルスの系列に変換する操作である．量子化とは，標本化された個々の信号を，有限の桁数の数値で表せる信号に変換する操作をいう．たとえば図の(b)→(c)のように，とびとびの大きさを持つパルスのうちから，標本化パルスに最も近い大きなものを選び出す操作で，演算としては4捨5入，切上げ，切捨てに相当する．符号化またはコード化とは，量子化された個々の信号を，いくつかのパルスを一組とする符号に変換する操作で，図では4ビットの2進コードで表してある．

標本化のタイミングを制御するパルス信号をサンプリングパルスといい，パルス間隔が一定のとき，その逆数を**サンプリング周波数**という．サンプリング周波数は入力信号の変化の速さに十分追従できるように定める必要があり，その限界はいわゆる**サンプリング定理**(sampling theorem)で定まる．すなわち，入力信号に含まれる最高周波数が f_c のとき，$2f_c$ 以上のサンプリング周波数で標本化すれば，もとの信号を完全に再現できる(証明略)．

量子化においては，連続的な量を離散的な量で置き換えるために誤差を生じる．これを**量子化誤差**という．4捨5入では最小ビットの1/2，切上げまたは切捨てでは最小ビットに相当する誤差となる．量子化誤差を減らしたいとき，すなわちディジタル信号の桁数を増す必要があるときは，比較する離散的な基準量の作成と相互比較の方法が複雑になるのはやむをえず，また量子化に要する時間も長くなる．A-D変換方式には，基準量との比較方法によって，次のようなものがある．

1) 直接比較方式: a) 追従比較形 A-D 変換器
b) 逐次比較形 A-D 変換器
c) 並列比較形 A-D 変換器
2) 間接比較方式: d) 二重積分形 A-D 変換器

　直接比較方式とは，入力量と基準量とをコンパレータによって直接に比較する方式である．間接比較方式とは，入力量と基準量とをそれぞれ積分し，積分値が同じになるまでの積分時間の比で両者を比較する方式である．

　以下，a)〜c)について簡単に述べ，ディジタル計測器に広く使用されているd)についてのみ，やや詳しく説明する．これらはいずれも A-D 変換 IC として製品化されている．

　(**a**) **追従比較形**　基準量を 0 から最低位の 1 ビットに相当する量だけ次々に増していき，入力量に最も近づくまでの間に増加させた回数をカウンタで計数する方式である．変換開始後は，微小時間間隔で入力量と基準量とを比較し，差をなくすように計数値と基準量とを変更して変換速度を高めている．サンプリングは入力信号をサンプルするのではなく，計数値のサンプリングで行う．この形は，簡単で低価格なことが特長で，短所は変換速度が遅い点である．

　(**b**) **逐次比較形**　追従比較とは基準量の調整方法が異なる．すなわち，最低位の 1 ビットずつ増加する代わりに，2 進数の最上位の桁から順次に下位へ向かって，それぞれの桁が "1" か "0" かの判定を行っていく．したがって基準量の調整回数が大幅に減少し，高速，高分解能が得られる．ある数 N は 2 進数で表すと式(3.22)，すなわち次式で表せる．

$$N = B_{n-1} 2^{n-1} + B_{n-2} 2^{n-2} + \cdots + B_0 2^0 \quad (3.28)$$

N を基準量，x を比較する未知量とするとき

　　　　　　　$x > 2^{n-1}$　　であれば　　$B_{n-1} = 1$
　　　　　　　$x < 2^{n-1}$　　であれば　　$B_{n-1} = 0$

として B_{n-1} が定まる．次に

$x > (B_{n-1}2^{n-1}+2^{n-2})$ であれば $B_{n-2}=1$

$x < (B_{n-1}2^{n-1}+2^{n-2})$ であれば $B_{n-2}=0$

以下，同様にしてすべての B が定められる．

たとえば，8ビットの2進数で表せる最大の10進数は255であることから，追従比較形では最高255回の比較を要するのが，逐次比較形では8回で済むことになる．ただし2進数のプログラム制御を行う回路が必要となり，追従比較形より複雑，高価となる．

（ *c* ） **並列比較形**　追従比較形のように基準量を最低位の1ビットに相当する量だけ変化させていく代わりに，それらの基準量がすべて同時に得られるようにし，その数だけのコンパレータを使用して，それぞれの基準量と入力量とを比較すれば，1回の比較で済むことになる．この方式を並列比較形という．最高の変換速度が得られるが，きわめて多数のコンパレータを必要とするため，ビット数の増加が困難で，最も高価となる短所がある．

（ *d* ） **二重積分形**　入力量と基準量とを積分して比較するための二重積分形と呼ばれる変換器は，二つの積分のスロープを用いるのでデュアルスロープ(dual slope)形とも呼ばれている．図 *3.12* (*a*)に回路構成を示す．

変換開始パルスが入ると，スイッチSは入力電圧側となり，正の入力電圧

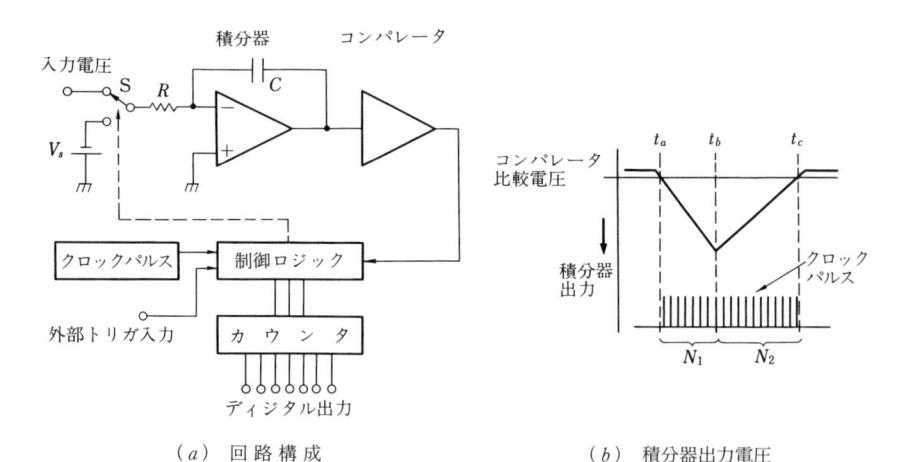

（ *a* ）回路構成　　　　　　　　　（ *b* ）積分器出力電圧

図 *3.12* 二重積分形 A-D 変換器

によって積分器の出力電圧は直線的に負の方向に変化する．コンパレータは積分器出力が，内蔵されている比較電圧と等しくなった時点，すなわち図(b)の t_a を検出して制御ロジックに伝える．制御ロジックはその時点からクロックパルスをカウンタに送り，計数値が一定値 N_1 になったとき ($t=t_b$)，スイッチ S を基準電圧側に切り換える．基準電圧は負なので，積分器出力はこの時点から正の方向に戻っていき，比較電圧に到達した時点 t_c がコンパレータによって検出される．t_b から t_c までの間のクロックパルス数のカウンタ計数値が N_2 であれば，入力電圧 V_i は

$$V_i = \frac{N_2}{N_1} V_2 \qquad (3.29)$$

として求められる．

二重積分形の特長は，クロックパルスの周波数，積分器の時定数，比較電圧などが積分期間中において一定であればよく，それらに長期間での変化が生じても誤差を生じないことであって，変換確度は基準電圧の確度で定まるとみなしてよい．

もう一つの特長は，交流電源の誘導のような周期的な雑音が入力信号に重なって加わったとき，積分期間中に雑音の影響が打ち消しあうことであって，特に雑音周期の整数倍と入力信号の積分時間とが等しいときには雑音の影響をまったく受けない．これらの特長をもつことから，二重積分形はディジタル電圧計，ディジタルマルチメータなどのディジタル計測器に広く用いられている．

A-D 変換器の主な特性としては，1）ビット数(分解能)，2）出力コード，3）変換時間または変換速度，4）入力電圧範囲，5）出力論理レベルなどがある．二重積分形では，ビット数は 8,10,12 など，出力コードは 2 進または BCD，変換時間は 1 ms～1 μs，入力電圧範囲は最大値が 1～20 V 程度である．なお，高速形の変換速度は，最高サンプリング周波数で決まり，逐次比較形で MHz 台，並列比較形で 100 MHz 台である．

3.3.4　D-A 変 換

ディジタル信号をアナログ信号に変換する操作を D-A 変換(D/A 変換)という．ディジタル信号で与えられる測定データをオシロスコープ，レコーダなどに描かせるとき，あるいはアナログ制御信号として計測器，制御装置などに入力するときに D-A 変換を行う．

2進コードのディジタル信号をアナログ信号に変換する原理を述べる．数列 $[B_{n-1}, B_{n-2}, \cdots, B_0]$ で表される n 桁の2進数 N は，次式となる．

$$N = B_{n-1} 2^{n-1} + B_{n-2} 2^{n-2} + \cdots + B_0 2^0 \tag{3.30}$$

ここで，B_i は0または1である．N に比例する電流 I を得るため，上式の右辺に一定電流 I_0 を掛ける．

$$I = (B_{n-1} 2^{n-1} + B_{n-2} 2^{n-2} + \cdots + B_0 2^0) I_0 \tag{3.31}$$

基準電圧を V_s とし，抵抗 $R = V_s / 2^{n-1} I_0$ とおいて上式に代入すれば

$$I = B_{n-1} \frac{V_s}{2^0 R} + B_{n-2} \frac{V_s}{2^1 R} + \cdots + B_0 \frac{V_s}{2^{n-1} R} \tag{3.32}$$

となる．上式の関係を実現する回路を図 **3.13**(a)に示す．

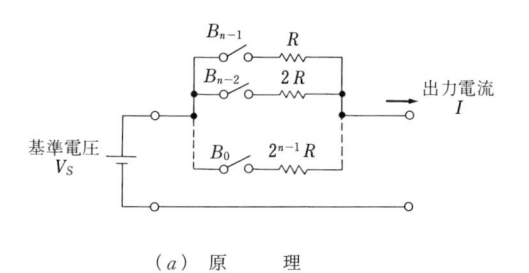

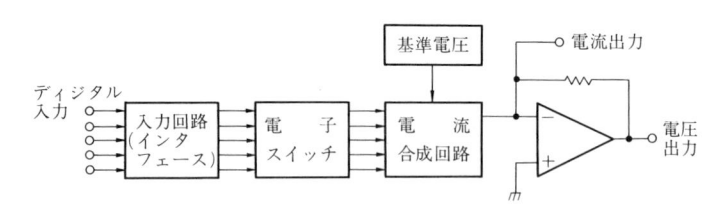

(*a*)　原　　理

(*b*)　回路構成

図 **3.13**　D-A 変換器

$B_{n-1} \sim B_0$ のスイッチは，対応するそれぞれの値が1のときにオン，0のときにオフとなるように操作する．原理としてはこの方式でよいが，この回路形式で電流合成を行うときの問題点は，抵抗の値がすべて異なることであって，ビット数が大きい場合は最小値と最大値との比 2^{n-1} はきわめて大きくなる．IC化においては，製造を容易にするとともに確度を得やすくするため，抵抗の素子数は増加しても抵抗値はできるだけ同一値にすることが望ましい．また抵抗値が高くなると分布容量との時定数が大きくなり，変換速度が制限される．このような理由から，実際のD-A変換ICでは種々の電流合成方法がくふうされており，一般に，はしご形抵抗回路網の電流合成回路が用いられている．

D-A変換器の全体の構成は，図(b)のように，ディジタル入力から電子スイッチ群の操作信号を作る入力回路を付加し，出力側には電流-電圧変換器をつけて，電流と電圧の両方のアナログ出力を得られるようにしている．

D-A変換器の主な特性として，1) ビット数，2) 入力コード，3) 出力電圧・電流の最大値，4) セットリング時間，5) 入力論理レベル，などがある．入力信号に関する項目は，A-D変換器の出力特性に対応している．出力の最大値(フルスケール値)は電圧では 2.5～10 V，電流では 1～5 mA 程度である．セットリング時間とは，変換時間の目安となるもので，最大出力を与える入力信号を加えたとき，最大出力値の一定誤差範囲内，通常は分解能すなわち ±1/2 ビット相当の範囲内に到達するまでの経過時間をいう．

演習問題

3.1 電気量以外の物理量の計測においては，ほとんどが偏位法であり，比較法を用いることは少ない．その理由を考えよ．

3.2 アナログ量をA-D変換を行って測定する場合には量子化誤差が生ずる．しかし，量子化誤差の発生はディジタル計測の欠点ではない．その理由を考えよ．

3.3 二重積分形 A-D 変換器における量子化誤差を評価せよ．

3.4 直接比較方式 A-D 変換器の動作は，基準量との比較を行う点で，天びんと分銅による重量測定に対応させることができる．追従比較形，逐次比較形および並列比較形を重量測定に対応させると，(a) 天びんと分銅とはそれぞれどのようなものを準備することに相当するかを考えよ．また，(b) 4捨5入と切上げまたは切捨てとでは，準備する分銅に相違があるかどうかを考えよ．

3.5 10進2桁の BCD コードのディジタル信号をアナログ信号(電流)に変換する D-A 変換器の電流合成方式の原理を考案せよ．

4. 電子計測器

4.1 電子計測器の発達の動向

計測技術の発展は，電子計測器の進歩に負うところが多い．エレクトロニクスの進歩に伴って，新しい機能を有する電子計測器が次々に開発されている．電子計測器における近年の機能向上の傾向をあげると

1) 無調整化　測定者の操作個所をできるだけ減らし，取扱いを容易にするとともに操作の誤り発生を防ぐためである．自動レベル制御，自動周波数制御，自動平衡などの機能が計測器内部の各所に取り入れられている．
2) 一体化　一つの計測に必要ないくつかの計測器を一体化し，全体として小形化，低価格化を図り，確度の維持を容易にするためである．一体化すると用途が制約されるが，プラグイン方式で用途を広げることができる．
3) ディジタル化　電子計測器はアナログ式からディジタル式に移行しており，その際の機能向上の重点は
    a. 測定値，設定値などをディジタル表示する．
    b. 測定値をディジタル信号で出力する．
    c. 計測器の制御を外部のディジタル信号で行う．
    d. 標準インタフェースを装備する．
    e. プログラム動作，データ処理などの機能を内蔵する．

などである．これらの機能はデータ処理まで含めた全自動計測システム

の構成を可能とする．

4） システム化　　一つの計測に必要ないくつかの計測器を取りまとめ，計測システムとして製品化される傾向がある．その利点は，測定者が計測器の相互接続を行う作業を省くとともに，計測システムとして測定確度が規定されるので確度の評価・維持が容易となることである．システム化は，単体の計測器として一体化することが困難な大規模な場合に適用されることが多く，数台の計測器をラックに取り付けて一体化する方法がよく用いられる．

以上の動向とは別に，計測器において常に努力の対象となっていることに，**信頼性**(reliability)の向上がある．計測器の信頼性とは，温度，湿度などのいろいろな使用条件のもとで，計測器の性能を長期間にわたって維持できることをいう．計測器の性能の劣化は，1）確度の低下，および 2）動作不良，とに大別できる．長期間にわたる使用においては，確度の低下は避けられないので，トレーサビリティ体系にそって定期的な調整あるいは校正を行う必要がある．動作不良には，スイッチの接触不良のような軽微なものから，電源回路の故障のような完全な動作停止に至るまで幅が広いが，発生した時点で故障を修理しなければならない．故障の防止には，計測器によって期間は相違するが，定期的に内部の清掃，劣化の可能性のある部品，絶縁物の交換などを行う，いわゆる**オーバホール**(overhaul)を行えばよい．

計測器における故障発生の頻度の評価は，一般に **MTBF**(mean time between failure の略)で表している．MTBF とは，故障発生の平均時間間隔で，単位は時間〔h〕を用いる．1 年間は 8 760 時間であるから，MTBF が 1 万時間といえば，連続使用しても 1 年間は無故障で動作する可能性が高いことを意味する．

信頼性の向上のため，計測器メーカは品質管理部門を置き，環境試験，耐久力試験などを行うとともに，ユーザ側で使用中に発生した故障の分析を行って，信頼性の向上に努めている．

4.2 信号発生器

4.2.1 信号発生器の概要

電子装置,伝送回路などの特性評価においては,ある入力信号を与えたときの出力信号を測定し,入出力の関係から特性を評価する方法を採ることが多い.入力信号は,アナログ回路測定用のアナログ信号と,ディジタル回路測定用のディジタル信号に大別できる.

いろいろな計測用信号とそれぞれの主要用途を表 *4.1* に示す.また,それらの信号を供給する各種の信号発生器とそれぞれの出力信号を表 *4.2* に示す.

表 *4.1* 計測用信号と主要用途

計測用信号		主要用途(例)
アナログ信号	正弦波	周波数応答特性の測定
	掃引正弦波	周波数応答特性の自動測定
	AM(振幅変調)波	AM波受信装置の特性測定
	FM(周波数変調)波	FM波受信装置の特性測定
	方形波	時間応答特性の測定(低速応答)
	パルス	時間応答特性の測定(高速応答)
	三角波,のこぎり波	非線形素子の特性測定,掃引制御信号
	雑音	周波数の特性測定,雑音指数の測定
ディジタル信号	パルス	ディジタルIC,ディジタル回路の試験
	符号化パルス	ディジタル回路,ディジタルシステムの試験

これらの信号発生器のうちから,使用目的に適するものを選択することが大切であり,特に,最もよく使用される正弦波発生器では機種によって機能が大幅に異なるので,性能の相違のもととなる動作原理を理解して,適切に使い分けることが望ましい.

信号発生器は,その出力端子から見て,一般に図 *4.1* のような等価電源として扱うことができる.すなわち,信号出力電圧源 $v_s(t)$ と出力インピーダンス Z との直列回路に,さらに不要出力電圧源 $v_n(t)$ を直列に接続したもので表示できる.

4. 電子計測器

表 4.2 各種の信号発生器

名　　　称	出　力　信　号	正弦波発生器としての特徴
標準信号発生器	正弦波，AM 波（または FM 波）	高周波用．性能がよく規定されている
周波数シンセサイザ	正弦波，掃引正弦波	周波数がきわめて正確
シンセサイズド標準信号発生器	正弦波，AM 波，FM 波	周波数がきわめて正確な標準信号発生器
R C 発振器	正弦波，方形波	低周波用．簡便な信号源
掃引信号発生器	掃引正弦波	掃引測定用
ファンクションジェネレータ	正弦波，方形波，三角波	低周波および超低周波用
〔多機能な場合の追加〕	〔パルス，のこぎり波，変調波，掃引〕	
雑音発生器	ホワイトノイズ，ガウシアンノイズ	
パルス発生器	正パルス，負パルス，ダブルパルス	
パルス符号発生器	ワード（シリアル，パラレル），ロジックパターン	

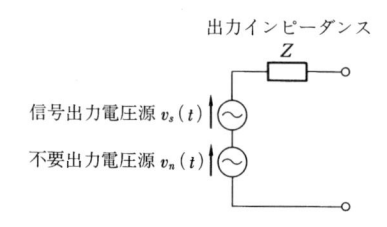

図 4.1 信号発生器の等価電源表示

正弦波発生器を例にとると，理想的な信号源としては，信号出力電圧源を

$$v_s(t) = V_s \cos 2\pi f_s t \qquad (4.1)$$

で表すとき，周波数 f_s と振幅 V_s とが任意の値に正確に設定できること，出力インピーダンス Z は周波数依存性をもたない一定抵抗値であること，および不要出力 $v_n(t)=0$ であること，などが望ましい．

しかし実際の正弦波発生器では，f_s と V_s とは機種により設定可能な範囲があるとともに設定確度に限度があり，出力インピーダンスも周波数依存性をもっている．さらに出力には，f_s の高調波成分とその他のスプリアスなどの不要出力が含まれる．信号発生器を使用する際は，これらの特性が測定結果に及ぼす影響について注意深く配慮して機種選定を行うことが望ましい．

正弦波発生器の選定の目安とするため，各種正弦波発生器の性能の概略を**表**

表 4.3 正弦波発生器の性能(概略値)

項目		機種名	標準信号発生器 (グループ)	周波数シンセサイザ (グループ)	RC 発振器 (単体)	ファンクションジェネレータ (単体)
周波数	範囲		10 kHz〜40 GHz	10 Hz〜50 GHz	10 Hz〜10 MHz	1 mHz〜50 MHz
	設定桁数		3〜4 桁	4〜9 桁	2〜3 桁	2〜3 桁
	安定度		10^{-4}	10^{-6}〜10^{-9}		
出力レベル	最大		0.1〜3 V	10〜20 dBm	10〜20 dBm	10 V
	最小		0.1〜1 μV	−80〜−40 dBm		
	確度		±0.5〜1 dB	±0.5〜1 dB		
	分解能		0.1 dB	0.1 dB		
出力インピーダンス	公称値インピーダンス変化		50 または 75 Ω 定在波比 1.2 以内	50 または 75 Ω 不整合減衰量 30 dB 以上	600 Ω 〔50 または 75 Ω〕	50, 75, 600 Ω
不要出力	高調波成分スプリアス		<−20〜−30 dB <−100 dB	<−20〜−30 dB <−50〜−80 dB	<0.1〜4% <0.1%	<0.1〜4% <0.1%

注 1) シンセサイズド標準信号発生器は，変調機能を除けば周波数シンセサイザとほぼ同じである．
注 2) 出力インピーダンス公称値が 50 Ω または 75 Ω の場合は不平衡出力，600 Ω の場合は平衡出力のものが多い．
注 3) 変調機能については省略した．

4.3 に示す．選定はまず周波数範囲で行う．周波数の正確さが特に必要な場合は，周波数シンセサイザまたはシンセサイズド標準信号発生器を用いる．

次に，出力レベル範囲と設定確度が適当かを見る．出力レベルの表示には次の 3 とおりが用いられる．

1) 出力端開放時の端子電圧を dB または dBμ で表示： 標準信号発生器でのみ用いられる表示方法で，出力端開放時の端子電圧 1 μV を 0 dB または 0 dBμ と定めている．たとえば，100 dB とは 0.1 V を意味する．

2) 出力端終端時の端子電圧を dBm で表示： 公称出力インピーダンスと等しい負荷インピーダンスを接続し，負荷に 1 mW の電力が供給されるときの端子電圧を 0 dBm と定めている．たとえば，出力インピーダンスが 50 Ω のとき，0 dBm の出力電圧は

$$V = \sqrt{10^{-3} \,〔\mathrm{W}〕 \times 50 \,〔\Omega〕} = 0.224 \,〔\mathrm{V}〕$$

であり，2.24 mV の出力レベルは −40 dBm である．dBm 表示の利点は，インピーダンス変換を行うと電圧値は変わるが，dBm 値は変わらな

いことである．

3) 出力端開放時の端子電圧を V で表示： 簡便な発振器の場合に多い．

正弦波発生器の出力インピーダンスは，高周波では 50 Ω または 75 Ω，低周波では 600 Ω とするのが普通である．出力インピーダンスは周波数および出力レベルによって若干の変動があり，特に高周波ほど変動に配慮を要する．出力インピーダンスの実際の値 Z と公称値 Z_0 との相違は，次の 3 とおりの量で評価している(反射係数と定在波比の意味については，**6.1** 節の分布定数回路で説明する)．

1) **反射係数** $|R|$：

$$|R| = \left|\frac{Z-Z_0}{Z+Z_0}\right| \times 100 \ [\%] \tag{4.2}$$

$$\cong \frac{1}{2}\left|\frac{\varDelta Z}{Z_0}\right| \quad (Z = Z_0 + \varDelta Z,\ \varDelta Z \ll Z_0 \text{ のとき}) \tag{4.3}$$

2) **定在波比** ρ：

$$\rho = \frac{1+|R|}{1-|R|} \tag{4.4}$$

$$\cong 1 + 2|R| \tag{4.5}$$

3) **不整合減衰量** A：

$$A = 20 \log\left(\frac{1}{|R|}\right) \tag{4.6}$$

反射係数の大きさは $|R|$ は，出力端子に Z_0 を接続したとき，$Z \neq Z_0$ のために生ずる出力端子電圧の変動量である．たとえば，Z が Z_0 より 10% の相違があるとき，端子電圧には 5% の誤差が生じ，これを 3 とおりの量で表せば，反射係数は 5%，定在波比は 1.1，不整合減衰量は 26 dB として表される．

不要出力としては，信号周波数の第二および第三調波が主で，それらの影響を減少させるためには，低域フィルタを使用すればよい．不要出力の大きさの表示には，信号に対する高調波の比(第二，第三調波個別，または全高調波の rms 値との比)，および高調波以外のスプリアスの rms 値の比を % または dB で表す．

以下，各種信号発生器について説明するが，雑音発生器については **6.2** 節で述べることとする．

4.2.2 標準信号発生器

標準信号発生器(standard signal generator，通称 SG)は，特性がよく規定された信号源で，一般の測定にも広く使用されるが，特に無線受信機の特性の測定に適した機能をもっている．使用目的に適する標準信号発生器の機種の選定は，主として発生周波数範囲と変調方式(AM，FM の別)で行う．

AM 波を発生する標準信号発生器の回路構成の例を図 **4.2** に示す．

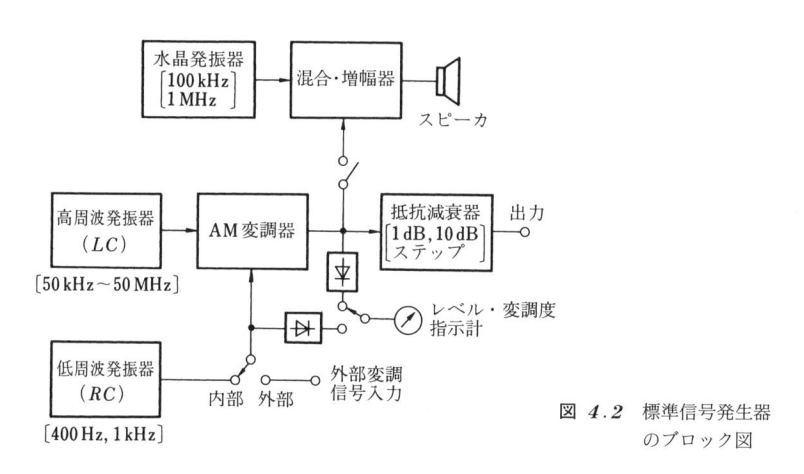

図 **4.2** 標準信号発生器のブロック図

高周波発生用の LC 発振器と低周波発生用の RC 発振器の出力は AM 変調器に入り AM 波が作成される．無変調時すなわち低周波入力が零のときには，AM 変調器は単に増幅器として動作し，その出力が一定となるように高周波発振器の出力を調整した後，最終出力レベルの調整は可変抵抗減衰器で行う．最終出力は同軸コネクタから同軸コードで取り出す．周波数調整ダイヤルには主ダイヤルとバーニア(微調)ダイヤルとがあり，発生周波数を 4 桁程度の細かさで読み取りできる．さらに正確さを維持できるよう，内蔵の水晶発振器の出力とゼロビートを取ることによって，100 kHz または 1 MHz の整数倍の周波数でダイヤル目盛を校正できるようになっている．また，カウンタ IC を用い

て周波数をディジタル表示するものもある．

　FM波を発生する場合は，高周波発振器の発振周波数を低周波信号で変化させている．たとえば高周波発振器の LC 共振回路に可変容量ダイオードを接続し，そのバイアス電圧に低周波信号を重畳させてFM波を得ている．

　標準信号発生器を使用するときの主な注意事項をあげると

　1） 電源スイッチをオンにした後，すぐに使用開始せずに，少なくとも10分程度のウォーミングアップを行って動作が安定してから使用する．特に周波数安定度が高い必要があるときは，30分以上のウォーミングアップを行うことが望ましい．

　　スタート後しばらくの間の周波数変動は，内部発熱による温度上昇が主因となる．標準信号発生器においては，高感度受信機の測定のために信号の漏れを十分に少なくするよう，高周波発振器，変調器などは厳重なシールドを施してあり，シールド内部の能動素子の発熱による温度上昇が平衡状態に達するまでの時間が長い．内部が熱平衡状態に達した後は，室温の変動と電源電圧の変動とが周波数変動の主因となる．

　2） 高調波成分の影響に配慮し，影響がありうる場合は低域フィルタを使用して高調波を除去する．通常は第二調波と第三調波を注意すればよく，いずれも $-30\,\mathrm{dB}(3\,\%)$ 以下なので，被測定回路の入出力電圧比（利得または減衰量）の周波数特性が比較的に平坦であれば問題ない．基本波に比べて高調波が相対的に大きくなる周波数特性を測定する場合に，高調波を除去する必要がある．

　3） 出力コネクタと被測定回路を同軸コードで接続するとき，周波数が10 MHz 程度以上では標準信号発生器の公称出力インピーダンスと同一の特性インピーダンスをもつ同軸コードを使用し，その先端で整合をとる．その理由は，信号発生器の出力端とコード先端の電圧を等しくするためである．

　　信号の波長に比べてコードの長さが 1/100 程度に十分短ければ整合しなくてもよいが，コード長が波長に比べて無視できなくなると，不整合

によってコード両端の電圧に相違が生ずる．50 Ω の回路と 75 Ω の回路を相互接続するときには，同軸形インピーダンス変換器を接続する．

4.2.3 周波数シンセサイザ

周波数シンセサイザ(frequency synthesizer)は，桁数の多い任意の周波数を高確度で発生する装置である．概略のブロック図を**図 4.3**に示す．

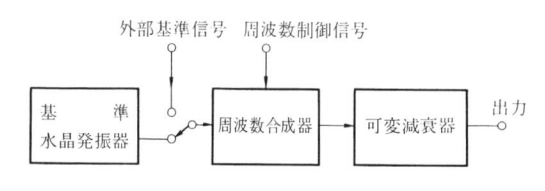

図 4.3 周波数シンセサイザのブロック図

基準水晶発振器は，1 MHz あるいは 10 MHz などの高安定周波数を発生し，その出力を周波数合成器により所望の周波数に変換する．最近の機種では，標準インタフェース方式による周波数制御信号によって，外部から周波数合成器の動作を制御できる．基準水晶発振器では確度不足のときは，さらに高確度の外部基準信号を入力する．

周波数シンセサイザの出力信号の良好さは，周波数安定度と信号純度で評価される．周波数安定度とは長時間の動作における周波数の相対変化量であって，基準水晶発振器の発生周波数の安定度に依存する．信号純度とは出力信号の周波数スペクトルにおける信号周波数以外の成分の大きさであって，それらの成分は，高周波，スプリアス，および位相雑音に分けられ，いずれも主として周波数合成器の特性に依存する．

周波数合成器の回路構成は，**図 4.4**に示すように，直接方式と間接方式の2とおりがある．

直接方式とは，基準周波数を 1/10，1/100 などに分周したり，2〜9 倍に逓倍したりして，それぞれの桁の周波数を作り，全部の桁を加えて所要周波数を得る方式である．図(a)では 2 桁の周波数を合成する回路構成を示しており，

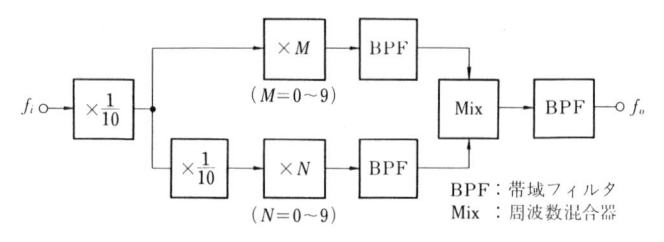

(a) 直接方式

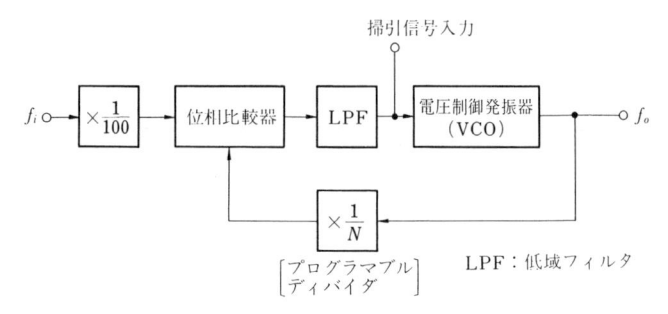

(b) 間接方式(PLL方式)

図 **4.4** 周波数シンセサイザの周波数合成方式

入力周波数 f_i と出力周波数 f_o との関係は次式となる．

$$f_o = \left(\frac{M}{10} + \frac{N}{100}\right) f_i \qquad (4.7)$$

ここで M, N は0～9の整数である．たとえば，100 kHz の f_i から 98 kHz の f_o を作る場合は，$M=9, N=8$ と置く．直接方式の長所は周波数の高速制御が可能なことであり，短所は，逓倍器，周波数混合器などで生ずる不要周波数成分の除去のために帯域フィルタ(BPF)を多数必要とすることと，フィルタを使用してもスプリアスは間接方式より大きいことである．

一方，間接方式とは，図(b)のように，**電圧制御発振器**(voltage controlled oscillator，略称 VOC)の周波数を基準周波数の整数分の一になるように制御する方式である．図(b)で，電圧制御発振器は，位相比較器の二つの入力が同一周波数，同位相になるように制御される．したがって出力周波数は次式となる．

$$f_0 = \frac{N}{100} f_i \qquad (4.8)$$

このような制御方式は，**位相同期ループ**，略称 **PLL**(phase locked loop)方式と呼ばれる．近年，ディジタル技術を活用したPLL回路がIC化され，間接方式による周波数合成が容易となった．周波数シンセサイザは最初は直接方式が用いられたが，最近では間接方式に移行している．プログラマブルディバイダあるいはプログラマブルカウンタと呼ばれる分周器は，BCDコードの電気信号によって，分周比 N を設定できる．発振器の出力を取り出すので，スプリアスは本質的に発生しない特長があり，また，発振器の制御信号にのこぎり波の掃引信号を加えることによって周波数掃引が簡単に行える利点がある．

間接方式の短所は，電圧制御発振器はもともと発振周波数が可変な発振器であるため，発振周波数の揺らぎが生ずる点である．周波数の不規則な揺らぎは位相雑音と呼ばれ，周波数スペクトルにおける信号周波数近傍の雑音レベルで評価される．

周波数シンセサイザの取扱い上の注意点としては，電源投入後のウォーミングアップがある．周波数が規格の確度以内に安定するまでのウォーミングアップは，少なくとも30分から1時間は行う必要がある．その理由は，基準水晶発振器用の恒温槽(そう)の温度がほぼ一定になるまでに時間を要することによる．ただし，電源コードを商用電源に接続しておけば，装置の電源スイッチははオフ状態でも恒温槽の電源回路は動作状態になっているので，電源スイッチをオンにして短時間で使用可能となる．

4.2.4 シンセサイズド標準信号発生器

周波数シンセサイザと比較したときの標準信号発生器の長所は，AM波またはFM波を得る変調機能をもつこと，および出力レベルを $0.1 \sim 1\,\mu\text{V}$ の低レベルまで正確に調整でき，かつ信号の漏れが少ないことであり，短所は周波数の設定確度と安定度が低いことである．

シンセサイズド標準信号発生器(synthesized standard signal generator)は，

標準信号発生器の高周波発振器の部分を周波数シンセサイザ方式とし，上述の短所を解消したものである．周波数合成方式としては，PLL IC を用いる間接方式（PLL 方式）が採用されている．高価格にはなるが使いやすいので，標準信号発生器はシンセサイズド SG に置き換わりつつあり，シンセサイザ方式のものも区別せずに標準信号発生器と呼ぶことが多い．

4.2.5 RC 発 振 器

RC 発振器（RC oscillator）は，1 台で 10 Hz から 10 MHz 程度の広い周波数範囲の正弦波信号を発生する装置で，以前は周波数上限が 20 kHz 程度であったため，低周波発振器あるいはオーディオ発振器などと呼ばれていた．一時，低周波発振器として LC 発振器が使用された時期もあったが，周波数が低くなるほど大きいインダクタンスを必要とする難点があったため，姿を消している．

RC 発振器は簡便なものから高性能のものまで，機種による性能の相違が大きい．正弦波発生のみでなく，方形波発生が可能なものも多く，その場合の回路構成を図 4.5 に示す．

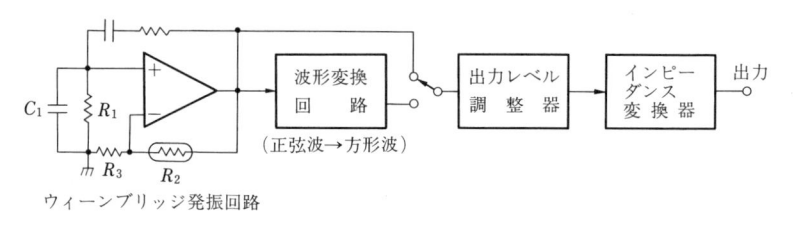

図 4.5 RC 発振器の回路構成

RC 発振回路にはほとんどの場合，ウィーンブリッジ発振回路が用いられる．この回路の発振周波数は $1/(2\pi R_1 C_1)$ となるので，$1/(2\pi\sqrt{LC})$ で決まる LC 発振回路よりも，C の変化範囲が同じとき周波数範囲が広くとれる．周波数の調整方法には，可変素子を連続変化させるダイヤル形と固定素子を切り換えるディケード（decade）形がある．

4.2 信号発生器　75

ディケード形計測器とは，ロータリスイッチ群によって10進ステップで値を設定できるものをいう．発振回路中の抵抗 R_2 には，通常サーミスタを使用し，非直線抵抗による負帰還の効果によってレベルと周波数の安定化および高調波ひずみの減少を図っている．正弦波を方形波に変換する波形変換回路は，能動素子あるいはダイオードによる振幅制限回路(リミタ)である．

種々の RC 発振器のうちから用途に適する機種を選定するためには，1) 周波数範囲，2) 最大出力電圧，3) 出力レベル確度，4) 出力インピーダンス，5) 高調波ひずみ率，6) 方形波出力の有無，7) 電源，などで判別する．周波数範囲としては最高周波数の相違が主で，オーディオ用の 20 kHz 程度から最高 20 MHz のものまである．

簡便な機種では出力レベル計をもたず，したがってレベル設定は行えず単にレベルの増減のみ調整するものがある．出力インピーダンスは，通常は 600 Ω 平衡および不平衡であって，さらに 50 Ω あるいは 75 Ω 不平衡の端子をもつものもある．

4.2.6 掃引信号発生器

掃引信号発生器(sweep signal generator)または**掃引発振器**(sweep oscillator)は，掃引開始周波数または中心周波数，掃引周波数範囲，掃引速度などを設定し，掃引を開始させると，周波数が自動的に変化する正弦波信号を発生する．表示・記録装置と組み合わせて，伝送回路，電子装置などの自動測定に使用される．特に無線受信機，テレビ受像機などの周波数選択回路の調整・検査用に広く用いられている．種々の掃引信号発生器の発生周波数は，100 kHz から 40 GHz 程度にわたっており，受信機調整専用のものから超広帯域の掃引が可能なものまで，機能には著しい相違がある．

掃引信号を得るには発振器の発振周波数を連続的に変化させる．その方法として，古くは LC 共振回路の可変コンデンサをモータで回転する方式のような機械式掃引が用いられたが，現在では可変容量ダイオードのバイアス電圧を制御する方法のような電子式掃引が用いられている．発振器の発振周波数を変

化させるだけでは掃引周波数範囲を広くすることはできない．広帯域掃引の方法としては，2台の発振器の周波数差を取り出す**ビート周波数**(beat frequency)方式が用いられる．

図 4.6 がその回路構成で，二つの周波数 f_1, f_2 を混合器（ミクサ）に入れ，差の周波数 (f_1-f_2) を低域フィルタ(LPF)で取り出す．たとえば f_1 を 50.1～80 MHz，f_2 を 50 MHz とすれば，100 kHz～30 MHz の出力が得られる．可変発振器，LPF，増幅器などの周波数特性による出力レベル変動を抑えるため，**自動レベル制御**(automatic level control，略称 ALC)を行う．

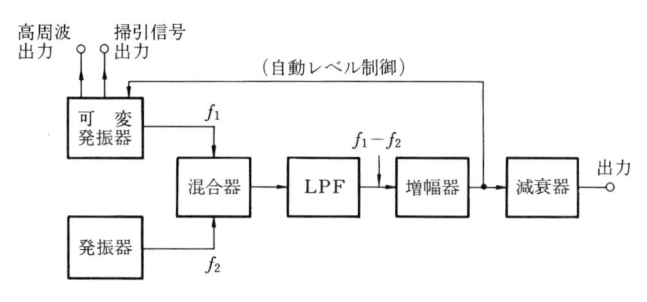

図 4.6 ビート周波数形掃引信号発生器のブロック図

掃引信号発生器の主な特性としては，1) 発生周波数範囲，2) 掃引周波数幅，3) 直線性，4) 掃引繰返し周波数，5) 出力レベル範囲，6) 出力レベル変動，7) 出力インピーダンス，8) 不要出力，9) マーカ機能，などがある．

掃引中は掃引速度 $\Delta f / \Delta t$ が一定であることが望ましく，その変動を直線性（リニアリティ）と呼び，％で表す．掃引周波数幅が広いときほど直線性は悪くなり，最大で10％程度である．また，掃引周波数幅が広いときほど，出力レベルの変動も大きくなり，最大で 0.5～1 dB 程度である．

掃引繰返し周波数は，受信機調整用の機種では 50/60 Hz またはその整数分の一の固定のものが多く，連続して変化できるものでは 0.01～100 Hz（掃引時間ではその逆数）程度である．オシロスコープあるいはレコーダで特性を描かせるとき，周波数目盛をパルス状に入れるものを**マーカ**(marker)といい，一

定周波数間隔目盛，指定周波数表示など，機種によりマーカの入り方，形状などは相違する．図ではマーカ発生部は省略してある．

掃引信号発生器を用いる伝送特性自動測定システムを**図 4.7**に示す．図は掃引速度が遅い単掃引の場合で，信号純度すなわち高調波，スプリアスなどの不要出力の影響が無視できるときは図(a)の構成でよい．信号純度の影響が無視できないとき，掃引周波数幅が狭ければ低域フィルタが使用できるが，掃引幅が広い場合は低域フィルタが使用できないので，図(b)のように信号周波数と選択周波数とが連動できる選択レベルメータを使用する．操返し掃引を行ってオシロスコープで直視する場合は，掃引繰返し周波数が 50/60 Hz のときには通常のオシロスコープを使用し，0.1〜10 Hz 程度の低速繰返しのときにはディジタルオシロスコープを使用する．

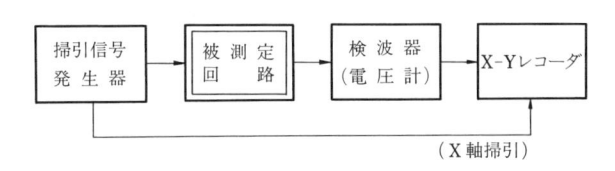

(a) 信号純度の影響がない場合

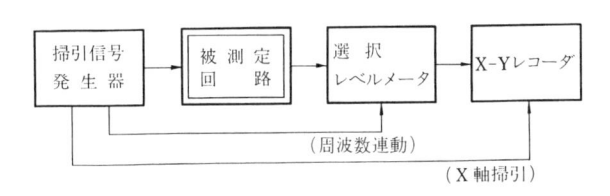

(b) 信号純度が影響する場合

図 4.7 伝送特性自動測定システム

周波数掃引による測定で注意すべき点は，掃引による過渡現象が生じないよう，掃引速度を低めにすることである．被測定回路の特性に応じて掃引速度を決めればよいが，過渡現象が生じているか否かは，掃引速度を低速にすることによって容易に判定できる．

なお，中心周波数を正確に保って狭帯域掃引を行うときは周波数シンセサイザを使用し，また低周波数における掃引測定には次項のファンクションジェネ

レータを使用する．

4.2.7 ファンクションジェネレータ

ファンクションジェネレータ(function generator)は，正弦波，方形波，パルス，三角波，のこぎり波などのいろいろな波形を，下は 1 mHz～0.1 Hz の超低周波から，上は 1～10 MHz の高周波に至るまで発生できる装置である．

ファンクションジェネレータの回路構成を図 4.8 に示す．図の正負の電流源は，電流源制御信号の正負に対応して正と負の電流を出力する．いま，正の電流を出力しているとすると，積分器の出力は負の方向に低下していき，負のある値になったとき，電圧比較回路が検出して負の一定値を出力する．電圧比較回路の出力が負になると電流源は負に切り換わり，積分器の出力は上昇し正のある値になったとき，電圧比較回路の出力は正に切り換わる．以後，同様な動作を繰り返す．

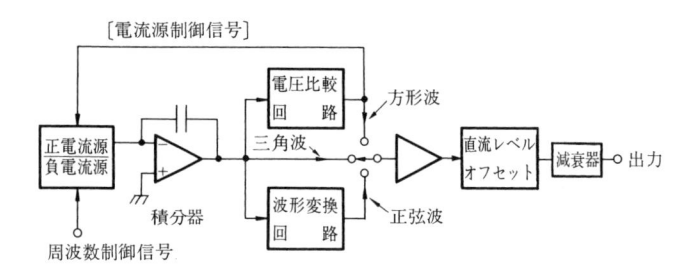

図 4.8 ファンクションジェネレータの回路構成

したがって，電流源は方形波電流を出力し，積分器の出力は三角波，電圧比較回路の出力は方形波となる．正と負の電流源をそれぞれ 10 倍すれば，周波数も 10 倍となる．また正電流の大きさを負電流の大きさより大きくしていくと，方形波出力の正の期間が短くなり，正パルスに近づく．同様に負電流を増すと負パルスに近づき，三角波出力はのこぎり波に近づく．

このように正負の電流の大きさと比とを変化させて，周波数と波形が調整できる．波形変換回路は，ダイオード群による折れ線近似で，三角波を正弦波に変換する．これらの波形は増幅された後，直流レベルオフセット回路によって

直流分すなわち時間平均値が変えられ，減衰器を通って最終出力になる．

ファンクションジェネレータには，以上で述べた波形のほかに，掃引正弦波，AM 波，FM 波などを発生できる機種があり，性能の相違が大きいので使用に先立って，個々の規格の内容に注意することが望ましい．

4.2.8 パルス発生器

パルス発生器(pulse generator)は，アナログ回路の高速応答特性の測定のほか，ディジタル回路の動作試験，故障個所検出などに広く使用されている．まず，パルス波形を定量的に表す諸量を図 4.9 に示す．

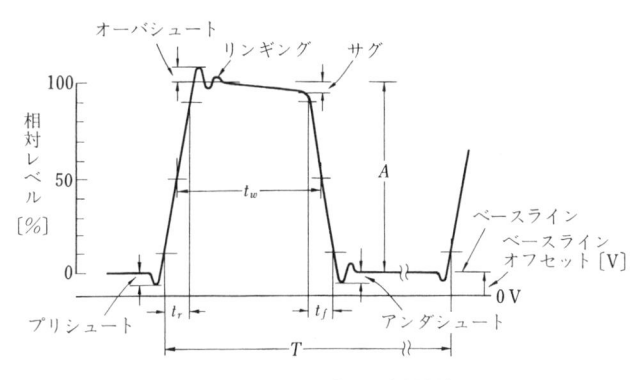

図 4.9 パルス波形の表現方法

図中の量について説明すると

繰返し時間 T：パルスの時間間隔

繰返し周波数 f：$f=1/T$

振幅 A：ベースラインから 100 % までの電圧

ベースラインオフセット：ベースラインの電圧

パルス幅 t_w：50 % の 2 点の時間間隔

デューティファクタ D：$D=t_w/T$ 〔×100 %〕

立上り時間(上昇時間) t_r：10 % から 90 % までの時間

立下り時間(下降時間) t_f：90 % から 10 % までの時間

プリシュート:ベースラインより下がる量〔%〕

オーバシュート:100%より上回る量〔%〕

サグ:100%より下がる量〔%〕

アンダシュート:ベースラインより下がる量〔%〕

正パルスと負パルスとを**デューティファクタ**(duty factor)で区別することもある。たとえば,デューティファクタ10%は正パルスを,また90%は同じパルス幅の負パルスを意味する。なお,デューティファクタ50%は方形波である。

パルス発生器のブロック図を**図4.10**に示す。周波数発生回路とパルス幅調整回路は,それぞれ直流電流源,電子スイッチ,積分器および電圧比較器で構成され,その動作はファンクションジェネレータにおけるパルス発生方法と同じである。トリガパルス出力は,オシロスコープの掃引開始のトリガとして用いる。遅延回路は最終出力のパルスをトリガパルスより遅らせ,オシロスコープによるパルスの立上り近傍の波形観測を可能にする。台形波発生回路は立上り時間(rise time)および立下り時間(fall time)を調整する回路である。極性切換は正パルスと負パルスの切換,レベルオフセットは直流レベルの調整を行う。

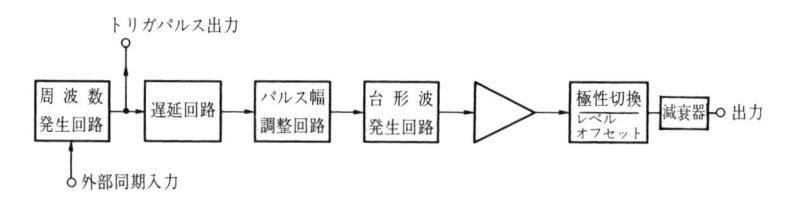

図 4.10 パルス発生器のブロック図

通常のパルス発生器では,繰返し周波数,振幅,パルス幅,ベースラインオフセットなどを個別に調整できる。最高繰返し周波数は10～1 000 MHz,最大出力は2～50 V程度である。立上り時間と立下り時間は,調整できる機種と調整できずにそれらの最大値のみ規定されているものとがある。波形に関するそれらの量は,最高繰返し周波数がわかればおおよそ評価できる。すなわち,

最小繰返し周期(最高繰返し周波数の逆数)に対し,最小パルス幅はその1/2,最小立上り時間と最小立下り時間は最小パルス幅の1/2以下として概略に評価できる.たとえば,繰返し周波数10 MHzまでのパルス発生器では,最小パルス幅は50 ns,最小立上り時間は25 ns以下となる.

図4.9における**プリシュート**(preshoot),**オーバシュート**(overshoot),**サグ**(sag),**アンダシュート**(undershoot)などは,好ましくないがやむを得ず発生するもので,総括してパルス波形ひずみと呼んでいる.波形ひずみはふつう5%以下とされており,これはオーバシュートなどがいずれも5%を超えないことを意味する.

パルス発生器のうち,ダブルパルス発生の機能をもつものがある.これは個々のパルスの代わりに,近接した二つのパルスを一組みとして発生できるもので,回路の高速応答の様子を二つのパルス間の谷の形状変化から観測するのに使用される.

4.2.9 パルス符号発生器

パルス符号発生器(pulse code generator)は2進コード化された一連のパルスを発生する装置で,ディジタルIC,ディジタル装置,ディジタル通信網などの動作特性の測定,あるいは検査などに使用される.**パルスパターン発生器**(pulse pattern generator),**データ発生器**(data generator),**ワード発生器**(word generator)など,出力信号によって名称が使い分けられている.データ,ワードなどは,いくつかのパルスを一組みとして数値,記号などを表す単位である.

近年のディジタル技術の発展に伴って,パルス符号発生器の新機種が次々と開発されている途上なので,ここでは概要を述べるにとどめる.

パルス符号発生器の機種は,信号形式によって次のように分けることができる.

1) 信号出力 [シリアル / パラレル

2) パルス符号 ⎡ プログラマブル
　　　　　　　 ⎣ 擬似ランダムパターン

3) 出力波形 ⎡ RZ(return-to-zero)
　　　　　　 ⎣ NRZ(non-return-to-zero)

　データあるいはワードに相当する一組みのパルスを，2進コードの最上位から順次に出力する形式をシリアル形式といい，それぞれの桁のパルスを同時に出力する形式をパラレル形式という．シリアル出力では出力用同軸コネクタは1個であり，パラレル出力ではワードのビット数だけの出力端子が必要である．シリアル形成とパラレル形式の選択は，測定対象の入力形式に対応して選ぶ．

　2進コードを表すパルス符号の系列をパルス符号発生器の前面のパネルスイッチ群で設定できるものをプログラマブルという．一度に設定できるビット数はスイッチ数と等しく，最大で16または32ビットである．したがって，1ワードを8ビットとすれば，2～4ワードが設定できることになる．プログラマブル機種で外部制御信号で設定できるものもあり，コンピュータ制御によって多量のパルス系列を得ることが可能である．

　擬似ランダムパターン(pseudo-randam-pattern，またはpseudo-randam-bit-sequence)は，不規則に配列された数万から数十万のパルス系列で，ディジタル通信装置におけるパルス符号伝送の誤り率を評価する場合など，大量のデータを必要とするときに使用される．

　パルス符号発生器の出力波形の例を**図4.11**に示す．図はシリアル形式の場合であって，(a)は個々のビット信号のタイミングをとるクロック信号である．(b)は2進コードが"1"のときのみパルスを出力する波形で，"1"を表す時点以外は零になることから**RZ**(return-to-zero)という．

　RZ波形にホールド(保持)を行ったものが(c)で，"0"または"1"のレベルは，逆のコードになるまでホールドされ，このような出力を**NRZ**(non-return-to-zero)という．ふつう，RZとNRZの両方を出力できるので，測定対象に応じて使い分ける．(d)のワード同期信号は，ワード単位で区分するた

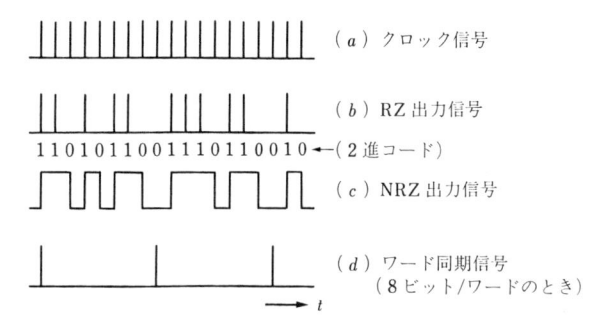

(a) クロック信号
(b) RZ出力信号
1 1 0 1 0 1 1 0 0 1 1 1 0 1 1 0 0 1 0 ←(2進コード)
(c) NRZ出力信号
(d) ワード同期信号
(8ビット/ワードのとき)

図 4.11 パルス符号発生器の出力波形(シリアル形式)

めに使用され,クロック信号とともに,パルス符号発生器のそれぞれの出力端子から出力される.

4.3 エレクトロニックカウンタ

4.3.1 周波数カウンタ

エレクトロニックカウンタ(electronic counter)は,当初,周波数の精密測定器として開発され,その後,周期,周波数比,時間間隔など,周波数と時間に関する多機能の精密測定器に発展した.一般に,周波数測定専用のものを**周波数カウンタ**(frequency counter),多機能のものを**ユニバーサルカウンタ**(universal counter)と呼んでいる.

周波数カウンタは,ディジタル計測器としては最も古い歴史を持ち,最初は電子管時代に開発された.当時の周波数測定器としては,LC回路の共振周波数を利用する吸収形周波計(低確度),既知の正確な周波数との差をとって比較するヘテロダイン周波計(高確度)などが使用されており,信号源に接続するだけで周波数が直読できる周波数カウンタの長所は認められたが,故障が多いこと,高価格なことなどの難点も多かった.

その後,コンピュータの進歩に代表されるように,半導体技術,IC技術などの向上によって,エレクトロニックカウンタの高信頼性化,小形化,低価格化などが進み,現在では周波数と時間の計測には,すべてカウンタが使用され

ている.また,現在のディジタル計測器の多くにカウンタの機構が組み込まれており,エレクトロニックカウンタはディジタル計測器の基本的部分であるといえる.

周波数カウンタの測定原理は基準周波数との比較法であるが,正弦波のままで比較するのではなく,入力信号と基準信号とをそれぞれパルス信号に変換して比較している.信号変換の過程を図 4.12 に示す.高周波の基準信号は分周されて繰返し周波数 1 Hz のパルス,すなわち 1 秒間隔のパルスに変換され,さらに適当な休止期間をもつ 1 秒間隔のゲートパルスに変換される.一方,入力信号はパルスに変換されることによって振幅あるいは波形に関する情報は除去され,周波数と位相の情報が抽出される.パルス化された信号の 1 秒間がゲートパルスによって取り出された被計数パルスとなる.このパルスの数を計数して周波数が得られる.

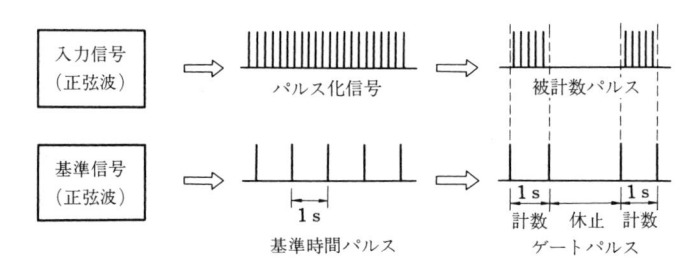

図 4.12　周波数カウンタにおける信号変換

周波数カウンタのブロック図を図 4.13 に示す.入力信号は減衰器と増幅器によって適当なレベルに変換される.この部分に自動レベル調整機能をもつ機種もある.さらに波形変換回路でパルスに変換される.基準水晶発振器は 1 MHz,10 MHz などの高安定発振器で,その出力から 0.1 s,1 s,10 s などの時間間隔のパルスを作り,2 進化 10 進計数回路のスタートとストップを行わせる.計数値は表示部で表示され,また BCD コードのパラレル信号として出力される.なお,カウンタの動作速度の制限から,マイクロ波用の周波数カウンタでは,マイクロ波帯基準信号との差を計数し,加算して表示するヘテロダイン方式が用いられている.

4.3 エレクトロニックカウンタ

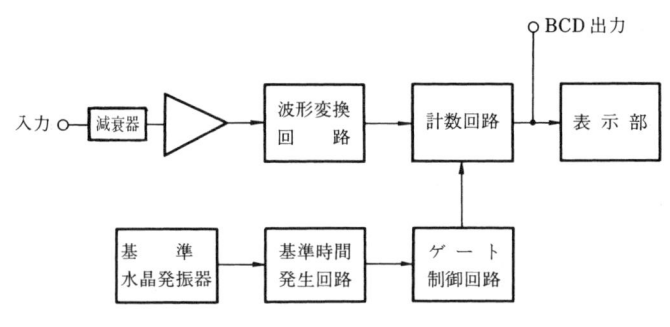

```
入力 ─→[減衰器]─→[▷]─→[波形変換回路]─→[計数回路]─→[表示部]
                                          ↑        │
                                          │        └─→ BCD出力
                         [基準水晶発振器]─→[基準時間発生回路]─→[ゲート制御回路]
```

図 **4.13** 周波数カウンタのブロック図

周波数の測定確度は(基準水晶発振器の周波数確度)±(1 カウント)として評価する．1 カウントとは表示値の最低位の数値の 1 の相違で，パルス化信号とゲートパルスとのタイミングによって ±1 の相違が生じうる．ふつう，基準時間は最大 10 s なので，±0.1 Hz の誤差は避け難い．基準発振器の確度は，周波数校正を行った後の経過時間に関連し，計測器の規格のみで正確に評価するのはむずかしい．

おおよそ 10^{-7} 以上の高確度を得る方法としては，1) メーカによる定期校正を受ける，2) 購入時に高安定基準発振器をオプションとして指定する，3) 周波数標準となる電波(長波と短波の標準電波，3.58 MHz のカラーテレビサブキャリヤなど)を受信して校正する，4) セシウム周波数標準，ルビジウム周波数標準などにより校正するか，あるいはそれらの信号を外部基準信号として周波数カウンタに入力する，などの方法がある．

測定誤差としては，入力信号に含まれる高調波または雑音による誤差が生じうる．入力信号をパルス化する回路は，入力電圧の瞬時値が正から負へ，また負から正へ変化して零レベルになる時点でパルスを発生するが，高調波あるいは雑音が含まれると零になる回数が増す可能性があり，信号周波数よりも測定値が大きく表示される結果になる．不要成分による影響が生じている場合には，表示値が不安定であったり，入力レベルを変えると表示値が変わることなどで容易に判別できる．対策としては，入力波形を観察し，不要成分を除去するフィルタを使用する．

4.3.2 ユニバーサルカウンタ

周波数のほかに，周期，周波数比，時間間隔など，さらに機種によっては平均周期，平均時間間隔なども測定できる装置をユニバーサルカウンタという．ユニバーサルカウンタでは，周波数カウンタにおけるゲートパルスと被計数パルスを表 4.4 のように変更している．

表 4.4 ユニバーサルカウンタにおけるパルスの作成方法

	周波数測定	周期測定	周波数比測定
ゲートパルス	基準信号を分周	入力信号を分周	一方の入力信号を分周
被計数パルス	入力信号	基準信号	他方の入力信号

周波数カウンタで低周波信号を測定すると，10 s ゲートでも 0.1 Hz の分解能が限度であるから，測定桁数が低下する．ゲートパルスの繰返し周波数が低く，被計数パルスの繰返し周波数が高いほど分解能は良くなるから，基準信号よりも周波数が大幅に低い入力信号の場合は，基準信号と入力信号の役割を入れ換え，周期測定を行って桁数を高めている．1 MHz の基準信号を被計数パルスとすると，パルス間隔すなわち時間分解能は 1 μs となる．入力信号を $1/N$ に分周してゲートパルスとすれば，計数値の $1/N$ と 1 μs との積が周期となる．時間間隔の測定原理も周期測定と同じである．低周波信号の場合でも周波数を直読したいことが多く，低周波用周波数カウンタでは，逆数の演算回路を持ち，周期を周波数に変換して表示できる機種がある．

2 信号の周波数比測定では一方の信号を $1/N$ に分周してゲートパルスとし，他方を被計数パルスとすれば，計数値の $1/N$ が周波数比となる．$1/N$ 分周では $N=10^n$ (n：正整数) とすれば，ディジタル表示の小数点を n 桁上げるだけで済む．

周波数カウンタ，ユニバーサルカウンタなどのエレクトロニックカウンタの性能は，1) 測定機能(周波数，周期など)，2) 周波数範囲(上限の値，10 MHz～40 GHz)，3) 表示桁数(5～12 桁)，4) 時間間隔分解能(10～100 ns)，5) 感度(または最小入力電圧，10～25 mV 程度)，6) 基準発振器周波数安定度(一定時間当たりの相対変化量の限度)などが主なものである．

エレクトロニックカウンタでは，低確度のものを除き，基準水晶発振器に恒温槽が使用されているので，使用していないときも電源コードを常に接続しておき，恒温槽内部を動作温度に保っておく．周波数シンセサイザと同様に，恒温槽を使用している計測器では，常にウォーミングアップに配慮する必要がある．

4.4 電圧・電流測定器

4.4.1 電子式メータ

能動素子の増幅作用を利用する**電子式メータ**(electronic meter)は，電子計測器のうちで最も歴史の古いものの一つである．電子式メータには，電圧計，電流計，抵抗計などの機能を併せもつものが多いが，基本的には，電圧計としての動作が重要である．その理由は，電圧計の端子に並列に既知の抵抗素子を接続すれば電流計になり，また電流源と抵抗とを直列に接続すれば抵抗計になるからである．

電子式電圧計は，初期のころは能動素子として真空管が使用されたので，真空管電圧計または**バルボル**(valve voltmeter の略)と呼ばれた．最初は測定レンジが最小で 1 V 程度であったが，その後，1 mV 程度の高感度電圧計が開発され，mV まで測定できるバルボルであることから，ミリバルと略称された．使いやすいことからこれらの名称は現在でも残っているが，能動素子はすべて半導体素子に置き換えられたので，正式には電子式電圧計と呼んでいる．

電子式電圧計には交流電圧計と直流電圧計があり，両者を兼ねるものも多いが，日常的に広く使用されているのは交流電圧計である．交流電圧計の性能は主として次の項目で表される．

1) 周波数範囲　　最高周波数と最低周波数．特に前者が重要．
2) 電圧測定範囲　　最小レンジと最大レンジ．特に前者が重要．
3) 応 答 形 式　　波高値形，平均値形，実効値のいずれか．
4) 測 定 確 度　　周波数範囲に対応．周波数が高いほど普通は低下する．

5) **入力インピーダンス**　入力抵抗と並列の入力容量とで表すことが多い．

これらの特性は，測定器によって大幅に相違し，その理由は主として測定原理に起因する．ほとんどの交流電圧計は，正弦波の実効値として指示するが，真の実効値を測定できるものは少ない．多くの機種では，平均値または波高値（ピーク値）を検出し，それを正弦波の実効値に換算して指示するので，単一周波数の正弦波以外では，原理的な誤差を生ずることになる．まず，これらの測定量の関係について述べる．

実効値(effective value)は，**rms 値**(root-mean-square value)ともいい．交流電圧を抵抗素子に加えたときの消費電力と等しい消費電力を与える直流電圧で表すもので，実効値 V_e の正弦波 $v(t)$ は次式で表す．

$$v(t)=\sqrt{2}\,V_e \sin \omega t \tag{4.9}$$

この電圧を抵抗 R に加えたときの平均消費電力 P_{av} は

$$\begin{aligned}P_{av} &= \frac{1}{T}\int_0^T \frac{v^2(t)}{R}dt \quad (\text{ただし } T:\text{周期}) \\ &= \frac{V_e^2}{R}\end{aligned} \tag{4.10}$$

となり，V_e の直流電圧を加えたときと同じことになる．

波高値(peak value)は瞬時値の最大値で，正弦波の波高値 V_p と実効値 V_e との関係は，式(4.9)から次式となる．

$$V_p=\sqrt{2}\,V_e=1.41 V_e \tag{4.11}$$

波高値と実効値との比 V_p/V_e を波高率といい，正弦波の波高率は 1.41 である．ひずみ波交流の場合には，正の波高値 V_{+p} と負の波高値 V_{-p} とは一般的には等しくない．したがって，ピークピーク値(peak-to-peak value, p-p 値) $V_{p\text{-}p}=(V_{+p}+V_{-p})$ の 1/2 も V_{+p}，V_{-p} とは等しくない．ひずみ波の場合，波高率は V_{+p} または V_{-p} の大きいほうを用いて定める．

交流電圧の**平均値**(mean value)とは，整流した波形の時間平均，すなわち電圧が負の期間は負号を掛けて正にして平均したものである．全周期の単なる

時間平均は直流分を表し，交流分とは無関係である．平均値 V_{av} は

$$V_{av} = \frac{1}{T}\left[\int_0^{T_i} v(t)dt - \int_{T_i}^T v(t)dt\right] \qquad (4.12)$$

ただし，T：周期

$0 \leq t \leq T_1$： $v(t) > 0$ の期間

$T_1 \leq t \leq T$： $v(t) < 0$ の期間

で求められる．正弦波の場合には

$$V_{av} = \frac{\omega}{2\pi}\left[2\int_0^{\pi/\omega}\sqrt{2}\,V_e \sin\omega t\,dt\right]$$

$$= \frac{2\sqrt{2}}{\pi}V_e$$

$$= 0.900\,V_e \qquad (4.13)$$

となる．実効値と平均値との比 V_e/V_{av} を波形率といい，正弦波の波形率は 1.11 である．

波高値応答形電圧形と平均値応答形電圧計は，いずれも正弦波の実効値に換算して指示するので，正弦波以外の測定では相違が生ずることを次の例で理解してほしい．

例 波高値 1 V の方形波を実効値応答形，波高値応答形，平均値応答形の電圧計で測定すると，それぞれの指示は何 V を示すか．

解 方形波では，実効値，波高値，平均値がすべて等しく，いずれも 1 V である．したがって

実効値形電圧計の指示値 = 1 〔V〕

波高値形電圧計の指示値 = $\dfrac{1\,〔V〕}{正弦波の波高率}$ = 0.707 〔V〕

平均値形電圧計の指示値 = 1 〔V〕× (正弦波の波形率) = 1.11 〔V〕

4.4.2 アナログ電圧計

アナログ電圧計 (analog voltmeter) は，測定値を可動コイル形直流電流計で指示させる計測器である．アナログ交流電圧計の回路構成は，**図 4.14**(a) のように交流入力を直流に変換した後に直流増幅を行う方式と，図(b)のように

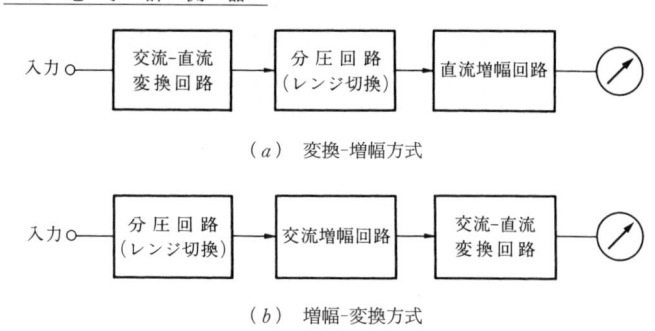

図 **4.14** アナログ交流電圧計の回路構成

交流入力を増幅した後に直流に変換する方式とに分けられる．

　図(a)の変換-増幅方式は，直流電圧計，抵抗計などの機能をもたせるのが容易なこと，ダイオード整流回路は広い周波数範囲が得やすいことなどの特長をもつが，一方，入力電圧が低くなると整流回路の能率低下が著しくなるため，高感度を得るのが困難である．

　図(b)の増幅-変換方式は，交流-直流変換回路が能率よく動作するように入力を増幅するので高感度は得やすいが，広帯域の交流増幅回路が必要であり，周波数上限の制約が大きい．

　交流-直流変換回路と増幅回路を組み合わせるとき，望ましい全体の特性としては，次のものがある．

1) 交流入力電圧と直流出力電圧(または電流)との直線性が良いこと．直線性が良ければ，直流計器は等間隔目盛でよく，また分圧器によるレンジ切換で桁を変えたとき，同じ目盛が使用できる．
2) 構成素子，特に能動素子の特性変化，電源電圧変動，周囲温度変動などによる影響が小さいこと．また直流増幅回路を使用する場合は，無入力時の出力変動すなわちドリフトが小さいこと．
3) 高周波用では入力容量が小さいこと．高周波における入力インピーダンスは，ほぼ入力容量によって決まる．

1)と2)の改善には，負帰還，差動帰還などの帰還方式が用いられる．

3）の改善には，入力部をプローブに収めて分布容量をできるだけ小さくするようにくふうしている．

交流-直流変換回路の代表例を図 *4.15* に示す．

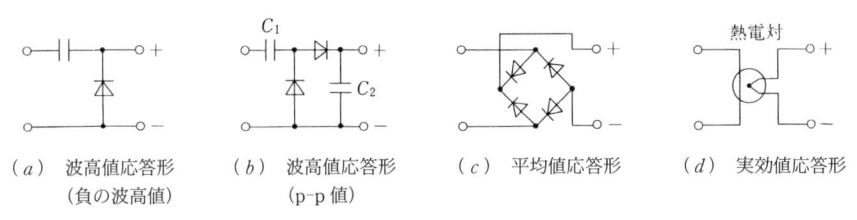

(a) 波高値応答形
　　（負の波高値）
(b) 波高値応答形
　　（p-p 値）
(c) 平均値応答形
(d) 実効値応答形

図 *4.15*　交流-直流変換回路

図(a)は負の波高値応答形回路で，ダイオードは正弦波入力が負の最大となる短期間のみ導通して C を負の波高値に充電する．この回路の後に高入力抵抗の直流増幅回路を接続し，入力抵抗と C との積すなわち時定数を大にして C の充電電圧が正弦波の1周期の間，維持されるようにする．

図(b)は p-p 値応答形回路で，C_1 は(a)と同様に負の波高値に充電され，C_2 は p-p 値に充電される．(b)は(a)の2倍の出力が得られ，電源用整流回路では倍電圧整流回路と呼ばれる．

図(c)は平均値応答形に使用される回路で，整流回路としては全波整流回路と呼ばれる．平均値すなわち全波整流した後の直流分を得るには，この回路の後に低域通過特性の回路または直流用計器を接続する．

図(d)は実効値応答形回路で，熱電対は交流入力電力に比例する直流電圧を出力するので，交流電圧-直流電圧変換回路としては直線性が良くない．

直線性の改善および電子回路の特性変化の影響を減らす方法について，次に述べる．波高値応答形変換回路は，広帯域特性が得やすい特長はあるが，入力電圧が1V以下になると直線性が急に低下する．1mV程度の入力電圧まで直線性を良くし，高感度を得る方法として，高周波信号を増幅が容易な低周波信号に変換した後，増幅-変換する方式がある．

周波数変換方式には，*3.2.2* 項で述べたサンプリング方式があるが，そのほかに電圧計で用いられている図 *4.16* の方式がある．この回路は，高周波入

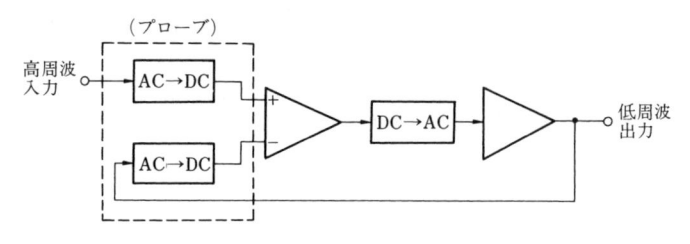

図 **4.16** 周波数変換回路(波高値応答形)

力信号と同一波高値をもつ低周波信号を得る回路で，差動直流増幅器の出力を低周波信号に変換しており，差動増幅器の二つの直流入力が同じになったとき平衡状態となる．この回路で得られた低周波信号を，次に述べる回路で増幅-変換を行う．

増幅-変換方式による平均値応答形の特性改善には，図 **4.17** の負帰還による改善方法が広く用いられている．ミリバルと呼ばれる交流電圧計では，この方式のものが多い．ブリッジ形の交流-直流変換回路は，図 $4.15(c)$ と同様に，ダイオードが半周期ごとにオン・オフが切り換わり，メータには常に一方向の電流を流す動作をする．メータには一方向の電流が流れるが，抵抗 R の電流は交流なので，その端子電圧で負帰還をかければ，増幅回路と変換回路の全体の特性が改善できる．

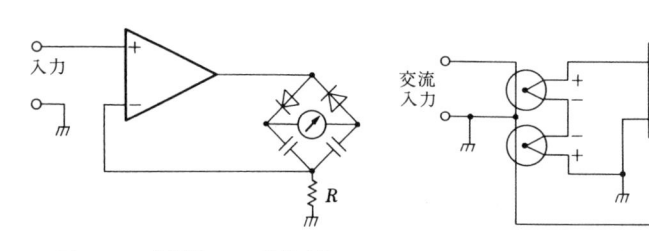

図 **4.17** 負帰還による特性改善
(平均値応答形)

図 **4.18** 平衡形構成による特性改善
(実効値応答形)

熱電対による実効値応答形変換回路の直線性の改善には，交流入力電圧をその実効値と等しい直流電圧に変換する図 **4.18** の回路構成が用いられる．この回路で，増幅器の利得は十分大きいので，二つの熱電対の入力電力が等しくな

ったとき，平衡状態となる．この変換回路の前に交流増幅器を，また後に直流電圧計を接続して実効値形交流電圧計を構成する．

以上で述べた改善を加えたものを含め，各種交流電圧計のおおよその性能を**表 4.5**に示す．

表 4.5 各種交流電圧計の性能（概略値）

応答形式	全体の構成	周波数範囲	最小レンジ	入力容量	備考
波高値	変換→増幅	～1 GHz	1 V	<5 pF	V_{dc}, I_{dc}, Ω 測定可
	高周波→低周波→増幅→変換	～1 GHz	1 mV	<5 pF	図 4.16 の方式
平均値	増幅→変換	～10 MHz	1 mV	<50 pF	図 4.17 の方式
	高周波→低周波→増幅→変換	～1 GHz	1 mV	<5 pF	サンプリング方式
実効値	増幅→変換	～10 MHz	1 mV	<50 pF	図 4.18 の方式

注）入力抵抗はすべて 1～10 MΩ 程度．

4.4.3 ディジタル電圧計

ディジタル電圧計(digital voltmeter)は，DVM，デジボルなどと略称される直流電圧測定用のディジタル計測器で，現在では直流電圧のほかに直流電流，交流電圧，交流電流，抵抗なども測定できるものが多い．それらはディジタルマルチメータ，ディジタルテスタなどとも呼ばれているが，回路構成の基本部分は直流電圧計であり，多機能の場合もディジタル電圧計ということが多い．

ディジタル電圧計のブロック図を**図 4.19**に示す．信号変換器は被測定量を適当な大きさの直流電圧に交換する部分で，変換原理はアナログ電圧計の場合と同じである．A-D 変換器としては，一般に二重積分形が使用されている．

ディジタル電圧計の性能は次の項目で表される．すなわち，1）測定量（直流電圧，直流電流，交流電圧，交流電流，抵抗など），2）測定範囲（特に最小

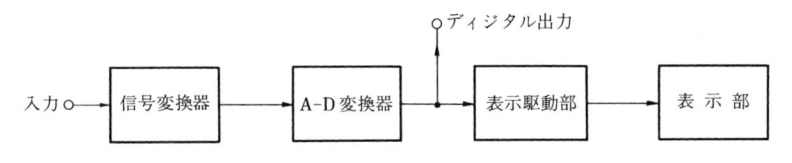

図 4.19 ディジタル電圧計のブロック図

レンジ)，3) 表示桁数，4) 確度，5) 測定速度(または測定時間)，6) 雑音除去特性，7) 入力インピーダンス，などである．

電圧測定の最小レンジは 0.02〜0.2 V，電流測定の最小レンジは 0.2 mA 程度である．交流電圧測定の周波数範囲の上限は，最高で 10 MHz 程度なので，それ以上の高周波では，いまのところ，アナログ電圧計を使用せざるをえない．表示桁数は，3-1/2 と 4-1/2 が多く，最大で 8-1/2 まである．3-1/2 桁とは，表示数値の最大値が 1 999 のことをいい，最上位の数は 0 または 1 に限られる．その理由は，3 桁の読取りを不便なく行うためである．3-1/2 桁表示では，相対的な読取り分解能が最低となるのは表示が 200±1 の場合であるから，最低で 0.5 % の分解能が得られることになる．表示としては数字のほかに，小数点，負号，単位なども自動的に表示される．確度の表現は，(読取り値の %)＋(ディジット数)で表される．直流電圧測定では，ディジット数は 1〜2 で，読取り値の % 誤差はそれよりも小さい．交流電圧測定の場合は，交流-直流変換器の特性による誤差が入るので，確度は 1 桁程度低下する．測定速度は，二重積分形の場合，1 秒に 1〜4 回程度である．

入力に重畳する雑音としては，50/60 Hz の誘導雑音が主で，重畳雑音電圧の影響を軽減する比率を**ノーマルモード除去比**(normal mode rejection ratio, 略称 NMRR)または**シリースモード除去比**(series mode rejection ratio, 略称 SMRR)といい，dB で表す．たとえば，NMRR 40 dB であれば，1 V の誘導電圧のときに 0.01 V の誤差を生ずることをいう．交流電圧測定では入力端子の一方を接地するが，直流電圧測定では 2 点間の電位差が測定できるよう，入力端子の両方を非接地で使用できる．そのような使用状態では，両端子に共通して，接地間に雑音が入る可能性がある．そのような雑音の除去能力を**コモンモード除去比**(common mode rejection ratio, 略称 CMRR)といい，dB で表す．CMRR は通常 100 dB 以上である．

ディジタル電圧計の入力インピーダンスは，入力抵抗と入力容量で表し，入力抵抗は 1〜10 MΩ，入力容量は 30〜50 pF 以下のものが多い．

ディジタル電圧計の特殊な機能として，過大入力のときに全桁が点滅するな

どしてレンジ切換の必要を知らせるオーバ入力表示，あるいはレンジ切換の必要性を検出して，常に最適のレンジに自動的に保つオートレンジ機能を有するものがある．

4.4.4 レベルメータ

レベルメータ(level meter)は交流電圧計の一種で，特性インピーダンスが決まっている回路あるいは線路の電圧レベルを正確に測定する目的に使用される．基本的な回路構成を図 4.20 に示す．インピーダンス変換器は，被測定回路の特性インピーダンスを可変抵抗減衰器のインピーダンスに変換し，整合するためのものである．

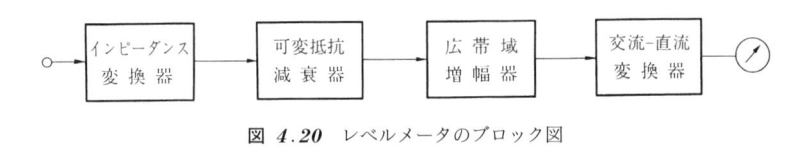

図 4.20　レベルメータのブロック図

交流電圧計としては増幅-変換方式であるが，増幅器と変換器の特性による誤差はほぼ除去されるようになっている．すなわち，測定の操作としては，指示計器の振れがほぼ一定値となるように減衰器を調整し，減衰器の最小ステップ以下の変化分のみを計器の目盛から読み取り，減衰器の減衰量と合計してレベルを得ている．

したがって，測定確度は受動回路である減衰器の確度に主として依存することになり，確度が向上し，また確度維持も容易となる．レベルは dBm で与えられる．一定指示値との差を拡大して読取りができる機能をもつ機種では，通常の交流電圧計よりも読取り分解能が 10 倍程度高い．

レベルメータの最小入力レベル，すなわち一定指示値が得られる最小入力は $-60\,\text{dBm}$ 程度，周波数上限は高いもので $500\,\text{MHz}$，レベル測定確度は周波数と入力レベルにもよるが 0.1～0.6 dB 程度である．入力インピーダンスは，$50\,\Omega$ 不平衡，$75\,\Omega$ 不平衡，$600\,\Omega$ 平衡が代表的なものである．

図の広帯域増幅器の代わりに，ヘテロダイン方式の周波数変換器と狭帯域高

利得増幅器を用いるものを**選択レベルメータ**(selective level meter)といい，低レベル信号の測定，周波数スペクトルの測定などに用いられる．選択レベルメータの最小入力レベルは-100〜-120 dB，周波数上限は最高が30 MHz程度である(*4.8.2*項参照)．

　レベルメータと選択レベルメータは，いずれも減衰器を手動で切り換えるので測定作業時間が電圧計より長くなる．この欠点を補うため，ディジタル電圧計を組み入れた**ディジタルレベルメータ**(digital level meter)が自動計測用に開発されている．ディジタルレベルメータは減衰器の粗い切換を自動的に行っており，出力が直読できるとともにディジタル出力を与えるので，ディジタル計測システム用に適している．

4.5 電力測定器

　交流電源から負荷に供給される交流電力を測定したいとき，負荷アドミタンスのコンダクタンスが既知であれば，負荷の端子電圧を測定して電力を求めることができる．すなわち，負荷の端子電圧の実効値がV_e，コンダクタンス分がGであれば，平均電力P_{av}は次式で求められる．

$$P_{av} = GV_e^2 \qquad (4.14)$$

V_eの測定に用いる電圧計は，電圧波形が正弦波のときはどのような電圧計でもよい．電圧波形がひずみ波のようにいくつかの周波数成分をもつときは，Gが周波数特性をもたなければ，真の実効値形電圧計でV_eを測定し，上式から電力が求められる．しかしこのような測定方法が適用できず，直接に電力測定を行う必要がある場合がある．主な例としては

　1)　電子機器の消費電力測定　　負荷が電源トランス，冷却ファン用モータなどの磁気回路のような非線形特性をもつとき．

　2)　伝送回路の伝送電力測定　　同軸ケーブルのような伝送回路において，その電気長が信号の波長に比べて無視できない長さをもつとき．その理由は，定在波の発生により，電圧・電流は測定位置によって相違するの

で，それらから信号レベルを評価できないためである．しかし伝送電力は位置によらず一定なので，信号レベルは電力測定で行うのが良く，特にマイクロ波帯では電力測定が基本となる．

電力測定器は電力計，**パワーメータ**(power meter)とも呼ばれ，電源と負荷との間に接続して通過電力を測定できるように入出力端子をもつものと，負荷として接続して入力電力を測定するように入力端子のみをもつものとがある．後者で通過電力を測定するには，通過電力の一部を取り出す電力分配器を使用する．

主な電子式電力測定器とその概略の性能を**表 4.6** に示す．

表 4.6 電子式電力測定器の概要

名　称	周波数範囲	最小レンジ	測　定　確　度
ディジタル電力計	40 Hz～1 kHz	0.3 W	<1%
実効値形電圧計	10 Hz～10 MHz	電圧で 1 mV	電圧測定確度による
高周波電力計	100 kHz～40 GHz	10^{-10}W	本体<1%，総合<5～20%
光パワーメータ	可視光，赤外	10^{-9}W	本体<1%，総合<5～10%

ディジタル電力計(digital power meter)は，電子装置の消費電力測定を主要用途とし，電圧，電流の測定機能ももっている．測定原理は，電圧と電流の瞬時値をサンプリングにより検出し，その積の平均値を求める方法である．すなわち，電圧を $v(t)$，電流を $i(t)$ とすれば，平均電力 P_{av} は次式となる．

$$P_{av} = \frac{1}{T}\int_0^T v(t)\cdot i(t)dt \\ = \lim_{N\to\infty}\frac{1}{N}\sum_{k=1}^{N}v\left(\frac{T}{N}k\right)\cdot i\left(\frac{T}{N}k\right) \qquad (4.15)$$

ここで，T は周期，N は 1 周期間のサンプリング回数であって，N が大きいほど近似が良くなる．$v(t)$ と $i(t)$ をサンプリングしたのち A-D 変換し，掛算と平均とをディジタル回路で演算する．結果はディジタル表示されるとともに，ディジタルデータで出力される．

実効値電圧計は，4.4.2項で述べられたように動作原理が電力計である．したがって，既知の抵抗素子を並列接続して電圧の実効値を測定し，入力電力

を求めることができる．

　高周波電力計は，**パワーセンサ**(power sensor)によって高周波電力を抵抗または直流電圧に変換して測定する装置である．パワーセンサとしては，細い白金線の発熱による抵抗増加を利用する**バレッタ**(barretter)，**3.1.2**項，**3.1.3**項で述べた**熱電対**と**サーミスタ**，および検波作用を利用するダイオードなどがある．これらの素子は同軸形または導波管形のマウントに取り付けられ，同軸ケーブルまたは導波管の特性インピーダンスに整合されている．バレッタあるいはサーミスタは直流ブリッジの一辺に挿入され，高周波入力が変化してもブリッジは常に平衡するように，すなわちセンサに加えられる電力は常に一定であるように，ブリッジの直流電圧が自動調整される．この調整量から入力電力が求められる．熱電対あるいはダイオードの場合は直流電圧を測定する．センサの非直線性の補正，周囲温度変動による誤差の補償，特性の経時変化の校正などの機構が，それぞれのセンサに対応して付加されている．

　高周波電力計にはアナログ式とディジタル式とがあり，パワーセンサを周波数帯に応じて使い分ける．確度は1～3%以内とされているが，定在波比による誤差がさらに加わる．マイクロ波帯におけるセンサマウントの定在波比の規格はおおよそ1.5以下となっており，確度を大幅に上回る誤差の原因となりうる．定在波の問題については**6.1**節の分布定数回路測定で述べる．

　光パワーメータは，**3.1.3**項で述べた光センサを用いる光量の測定器である．空中を進行するレーザ光ビームの強度測定用，あるいは光ファイバ中を進行するレーザ光の強度測定用など，近年の光通信技術の進歩に対応して種々の光パワーメータが開発されている．

4.6 インピーダンス測定器

4.6.1 回路部品の特性

　インピーダンス(またはアドミタンス，総称イミタンス)測定の対象となるものはきわめて広範囲にわたっている．たとえば，抵抗器，コンデンサ，コイ

ル，トランスなどの回路部品のインピーダンス測定，電子装置の入出力インピーダンス測定，ケーブル，導波管などの伝送回路のインピーダンス測定，インピーダンス測定による誘電体，磁性体の材料定数の評価などがある．本節では，主として最も使用頻度が高いとみられる**回路部品**(circuit component)の測定方法について述べる．なお分布定数回路のインピーダンス測定については **6.1** 節で述べる．

　抵抗器，コンデンサ，コイルなどの回路部品は，用途に応じて種々のものが製造されているので，使用に際しては用途に適した特性をもつ部品を選択することが重要である．いずれの部品についても，それぞれのインピーダンスは厳密には一定値の R, C，あるいは L の一つでは表せず，少なくとも二つ以上の素子からなる等価回路で表される．よく使用される等価回路の例を**図 4.21** に示す．

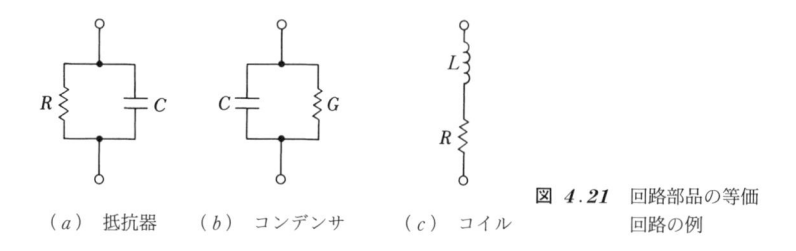

図 **4.21** 回路部品の等価回路の例
　(a) 抵抗器　(b) コンデンサ　(c) コイル

　ふつう等価回路といっているが，特性が等しいという意味ではなく，ある使用条件における近似回路を意味する．使用条件とは，周波数，レベル(電圧，電流など)，直流バイアス電圧(または電流)などの電気的条件と，温度，湿度その他の環境条件である．レベル，バイアスなどに依存する部品は，たとえばコア入りコイル，電解コンデンサ，可変容量ダイオードなど，非線形特性をもつものである．線形の回路部品であっても，周波数依存性があるため，使用周波数に応じて等価回路の定数値が異なり，場合によっては等価回路形式を変更する必要すら生ずる．

　実際の抵抗部品については，図 $4.21(a)$ と R と C の周波数特性を測定すると，**図 4.22**(a) に示すように，高周波では R が低下する．このような特

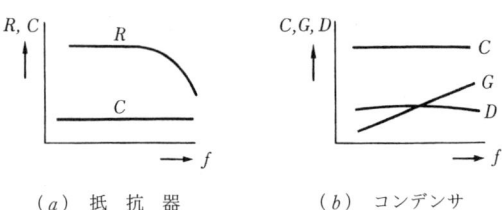

図 4.22 部品の等価回路定数の周波数特性

(a) 抵抗器　(b) コンデンサ

性は抵抗器の寸法と構造に関連し，小形のものほど分布容量，残留インダクタンスなどの寄生リアクタンスが小さいので周波数特性は良好である．同一構造の場合には，抵抗値が高いものほど R が低下し始める周波数が低くなる．ただし，抵抗値が数十 Ω 以下では，分布容量よりも残留インダクタンスの影響が大きくなり，R は高周波では増加する傾向を示す．

コンデンサでは，図 4.21(b) の C と G の代わりに，C と**損失係数** D(loss factor)とを測定することが多い．$D=$(コンダクタンス)/(サセプタンス)$=G/\omega C$ は，誘電正接または $\tan\delta$ とも呼ばれる．図 4.22(b) に示すように，一般に G は周波数とともに増加するが，D は大幅の変化を示さない．

コイルでは，図 4.21(c) の L と R の代わりに，L と $Q(=\omega L/R)$ とを測定することが多い．高周波においてはコイルは主として共振回路に使用されるので，広い周波数範囲の特性を問題とすることは少ない．

各種インピーダンス測定器の測定原理については次項以降で述べることとし，測定器選択の目安とするため，性能の概要を**表 4.7** に示す．

表 4.7 インピーダンス測定器の概要

名称	周波数範囲	測定量	確度	調整個所
インピーダンスブリッジ 低周波用	内部：1 kHz 外部：20 Hz〜20 kHz	R-C, R-L (直列または並列回路)	<1%	多い
高周波用	上限：30〜60 MHz	$\|Z\|$-θ, G-C	%	多い
Q メータ	上限：50〜70 MHz 下限：10〜20 kHz	C, L, Q, (R)	%	中ぐらい
インピーダンスメータ	固定：1 kHz, 1 MHz 可変の最高：2 GHz 可変の最低：5 Hz	$\|Z\|$-θ R-X C-D	零位法<1% 変位法　%	少ない

選択の際に考慮すべき項目として，以下のようなものがある．

1) **測定周波数** 周波数が一定の機種，いくつかの周波数に切り換えてできる機種，任意の周波数に設定できる機種などがある．

2) **測定量の形式とその範囲** RC 並列回路の値，インピーダンスの大きさ $|Z|$ とその位相角 θ など，測定量の形式は機種により相違がある．定数値の測定範囲は周波数によって異なることが多い．概して周波数が高いほど，高インピーダンスの測定は困難になる．

3) **測定確度** 0.1～10%にわたり，機種による相違が大きい．同じ測定器においても，周波数と測定量の値によって確度が相違する．

4) **測定の容易さ，測定時間など** 測定時の調整手数，習熟度の必要性などによって，測定時間が相違する．被測定物を接続すると，直ちに結果が指示される機種が増加している．

4.6.2 インピーダンスブリッジ

インピーダンスブリッジ(impedance bridge)は，複素インピーダンスの測定器で，回路部品の測定用に広く使用されているブリッジは，低周波用の**ユニバーサルブリッジ**(universal bridge)または万能ブリッジと呼ばれる機種である．そのほかに，高周波用の高周波ブリッジ，直流抵抗測定用のホイートストンブリッジ，静電容量精密測定用のキャパシタンスブリッジ，コイルのインダクタンス測定用のインダクタンスブリッジ，直流高電圧印加時のコンデンサ測定用のシェーリングブリッジ，電解液抵抗測定用のコールラウシュブリッジなど，多数のブリッジが目的に応じて使用されている．

ブリッジの基本的な回路構成を**図 4.23** に示す．図(a)は未知インピーダンス Z_x を既知インピーダンス Z_1, Z_2, Z_3 から求める方法である．ブリッジが平衡した状態すなわち検出器 D の端子電圧が零になった状態では，素子の値に次の関係が成立している．

$$Z_1 Z_3 = Z_2 Z_x \tag{4.16}$$

したがって未知インピーダンス Z_x は，次式で求められる．

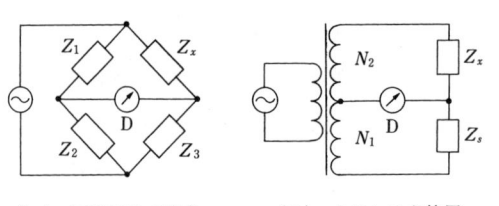

(a) 回路部品で構成　　(b) トランスを使用

図 4.23 ブリッジの基本的回路構成

$$Z_x = \frac{Z_1 Z_3}{Z_2} \tag{4.17}$$

図(b)はトランスを使用する構成で，二次巻線の巻線比をN_2/N_1とすれば

$$Z_x = \frac{N_2}{N_1} Z_s \tag{4.18}$$

からZ_xが求まる．

　図の二つの構成の特徴を比較すると，(a)は低周波用に適し，素子値の測定範囲を広くとることが容易であり，一方，(b)は高周波用に適し，素子値の測定範囲は比較的に狭い．(a)におけるZ_1, Z_2, Z_3，(b)におけるZ_sなどの回路部品としては，純抵抗に近い抵抗器と損失の小さいリアクタンス部品とを組み合わせるが，高周波まで理想的な特性をもつ部品を得るのはむずかしく，したがって部品数の多い(a)は高周波には向かない．高周波になるとトランスは小形にできる利点はあるが，タップ切換により巻数比N_2/N_1を変化できるにしても，大幅な変化はむずかしく，測定範囲は抑えられる．

　実際のブリッジでは，図 4.23 の回路をいろいろに変形しているのが多く，また，高周波用では信号源と検出器とを内蔵しておらず，それらを外部から接続するものが普通である．

　実際にブリッジを使用してできるだけ高確度の測定を行うためには，個々の測定器について全体構成と測定原理とを理解して，最適に使用法をとる必要がある．ここでは代表例として，部品の測定に広く使用されているユニバーサルブリッジについて説明する．ユニバーサルブリッジの基本的回路構成は，図(a)である．信号源として1 kHzの発振器を内蔵し，外部の低周波信号源も

使用できる．内蔵の検出器は，中心周波数 1 kHz の帯域通過特性と平坦特性に切り換えて使用できる．交流ブリッジの平衡状態検出能力を低下させる要因に，信号源の高調波成分の影響があることに注意を要する．

抵抗器，コンデンサおよびコイルの測定原理を図 *4.24* に示す．

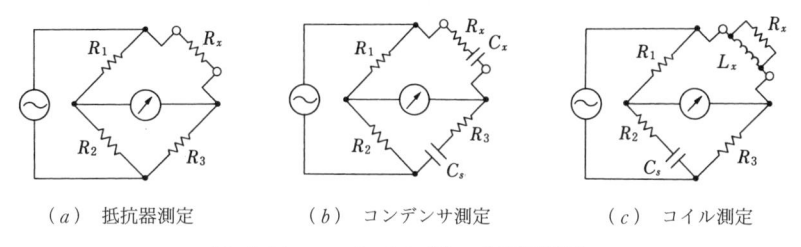

(a) 抵抗器測定　　**(b)** コンデンサ測定　　**(c)** コイル測定

図 *4.24* ユニバーサルブリッジの測定原理

図(a)で平衡状態が得られたとき，未知抵抗 R_x は次式で求められる．

$$R_x = \frac{R_1}{R_2} R_3 \tag{4.19}$$

R_1 は 0.1% 以内の確度をもつ 1，10，100 Ω など，10^n の抵抗値に設定でき，R_2 と R_3 とは 10 進 4 桁のダイヤル設定が可能なので，R_1/R_2 を 0.1，1，10 などとし，R_3 の有効桁数を最大限に使用するように調整すれば，R_3 の読取り値の小数点をずらすだけで R_x が高確度で求められる．

図(b)はコンデンサ測定の場合で，C_s は標準コンデンサ(内蔵：1 μF)である．平衡条件は

$$R_3\left(R_x + \frac{1}{j\omega C_x}\right) = R_1\left(R_3 + \frac{1}{j\omega C_s}\right) \tag{4.20}$$

となるから，実部と虚部とをそれぞれ等しいと置いて，C_x と R_x が求まる．

$$\left.\begin{array}{l} C_x = \dfrac{R_2}{R_1} C_s \\[6pt] R_x = \dfrac{R_1}{R_2} R_3 \end{array}\right\} \tag{4.21}$$

R_1 が 1，10 などと置いてあれば，R_2 の読取りから C_x が簡単になる．また，損失係数の D_x は次式で計算する．

$$D_x = \frac{1}{\omega C_x R_x}$$
$$= \frac{1}{\omega C_3 R_3} \tag{4.22}$$

図(c)のコイル測定の平衡条件は

$$R_1 R_3 \left(\frac{1}{R_x} + \frac{1}{j\omega L_x} \right) = \left(R_2 + \frac{1}{j\omega C_3} \right) \tag{4.23}$$

となり，L_x, R_x は

$$\left. \begin{array}{l} L_x = C_3 R_1 R_2 \\ R_x = \dfrac{R_1}{R_2} R_3 \end{array} \right\} \tag{4.24}$$

で求められる．また，コイルの Q_x は次式で計算すればよい．

$$Q_x = \frac{R_x}{\omega L_x} = \frac{1}{\omega C_s R_2} \tag{4.25}$$

4.6.3 Q メータ

Q メータ(Q meter)は LC 共振回路の Q を直読できる測定器なのでその名称で呼ばれており，数十 kHz から数十 MHz にわたる広い周波数範囲における LCR の測定器として使用されている．ブリッジに比べて確度は低いが，簡便さと周波数範囲が広いことを特長とする．測定確度は被測定量によって大幅に相違する．

Q メータの原理図を**図 4.25** に示す．

L 端子に接続したコイルと同調コンデンサおよび結合抵抗 R_m で共振回路が構成される．結合抵抗 R_m はきわめて小さい値にしてあり，同調コンデンサは損失が小さい空気コンデンサなので，共振回路中の損失はコイルの抵抗分のみとみなすことができる．インダ

C_M：主同調コンデンサ(最大：約 500 pF)
C_S：副同調コンデンサ(±5 pF)

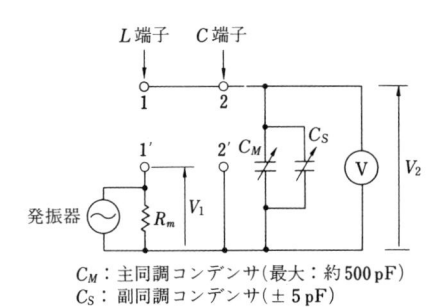

図 4.25 Q メータの原理図

クタンス L_x，等価直列抵抗 r_x のコイルを接続し，電圧計の指示値 V_2 が最大となるように同調コンデンサを調整したとき，コイルの Q_x は

$$Q_x = \frac{\omega L_x}{r_x} = \frac{1}{\omega C_M r_x} = \frac{V_2}{V_1} \qquad (4.26)$$

となる．したがって，V_1 を一定値とし，電圧計を V_1 との比で目盛っておけば，Q_x が直読できる．Q メータには，全周波数範囲にわたって同調コンデンサと常に共振がとれるような補助コイル群が付属しており，測定範囲に制限はあるが，LCR すべてが測定できるようになっている．

(**a**) **コイルの測定** Q_x はメータ直読で得られる．インダクタンス L_x は計算で求める必要はなく，その値の範囲に対応して発振器の周波数を指定値に設定しておけば，主同調コンデンサのダイヤルの補助目盛(L 目盛)から直読できる．直列抵抗 r_x は，周波数 f，コイルの Q_x，および同調コンデンサの値 C_M とが得られれば，次式で計算できる．

$$r_x = \frac{1}{2\pi f C_M Q_x} \qquad (4.27)$$

(**b**) **コンデンサの測定** 容量測定は同調コンデンサ(確度 ±1% 以内，100 pF 以内では +1 pF 以内)との置換法による．Q メータ付属の補助コイル群から周波数に応じたものを選んで L 端子に接続し，同調を取ったときの C_M と Q との値をそれぞれ C_1, Q_1 とする．被測定コンデンサ(C_x, D_x)を C 端子に接続して同調を取り直したとき，C_2, Q_2 となったとすれば

$$C_x = C_1 - C_2 \qquad (4.28)$$

$$D_x = \frac{C_1(Q_1 - Q_2)}{(C_1 - C_2)Q_1 Q_2} \qquad (4.29)$$

となる．Q メータは Q の変化分 $\Delta Q = Q_1 - Q_2$ を拡大して読取りできる機能を持ち，損失が比較的に小さいコンデンサの Q も測定できるようになっている．

なお，数 pF の小容量の測定には副同調(バーニア)コンデンサによる置換を行い，また，同調コンデンサの変化範囲より大きい容量の測定には，容量が既知のコンデンサを補助に利用するか，またはコイルに直列に被測定コンデンサを接続する方法を用いる．

106   4. 電子計測器

(c) 抵抗器の測定　補動コイル L_s の抵抗分 r_s と同程度の低抵抗であれば，コイルに直列に挿入し，そのときの抵抗分 r'_s と副同調コンデンサの減少量 ΔC を求めれば，抵抗器の抵抗分 R_x と直列インダクタンス分 L_x とは

$$R_x = r'_s - r_s \tag{4.30}$$

$$L_x = \frac{\Delta C}{C_M} L_s \tag{4.31}$$

で求められる．共振回路の共振時の等価並列抵抗 R_p は

$$R_p = Q^2 r_s \tag{4.32}$$

であるから，R_p と同程度の高抵抗を測定するのであれば，C端子に接続してそのときの並列抵抗 R'_p と副同調コンデンサの容量減少分 ΔC とを求めれば，抵抗器の抵抗分 R_x と並列容量 C_x とは

$$R_x = \frac{R_p R'_p}{(R_p - R'_p)} \tag{4.33}$$

$$C_x = \Delta C \tag{4.34}$$

となる．Qメータによる抵抗測定の特徴は，低抵抗と高抵抗は測定できるが，その中間すなわち L のリアクタンス ωL に近い抵抗値は，共振回路の Q が著しく低下するので測定できないことである．

4.6.4 インピーダンスメータ

インピーダンスメータ (impedance meter) は，ブリッジ，Qメータなどに比べ，比較的に新しい測定器で，電子回路による電圧・位相測定技術を用いており，被測定物を接続すると無調整でインピーダンスを直読できる点が特長である．ベクトルインピーダンスメータ，LCRメータ，インピーダンスアナライザなど，表示量と機能によっていろいろな名称が付けられている．エレクトロニクスの進歩に伴って，高周波化，高確度化，ディジタル化などが進められ，インピーダンス測定器における重要性が増大している．

エレクトロニクスを高度に利用するこれらの測定器は，測定者の上手，下手の影響がほとんど生じない特長をもつが，反面，回路構成がきわめて複雑にな

り，機能，確度などが正常であるか否かの判定が困難である．したがって，ブリッジのように受動素子の確度で測定確度がほぼ定まる測定器を併用し，定期的に相互比較を行って確度の確認を行うことが望ましい．

インピーダンスメータの原理図を図 4.26 に示す．図(a)は偏位法の原理図で，被測定インピーダンス Z_x の |電圧/電流| から $|Z_x|$ を，また電圧・電流位相差から $\theta = \angle Z_x$ を求め，二つの指示計器にそれぞれを指示させる．$|Z_x| \gg R$ としておけば $|Z_x|$ は電圧比測定で得られる．この原理による測定は，2 端子対回路測定用の電圧・位相計と発振器とを用いて行うこともできる．

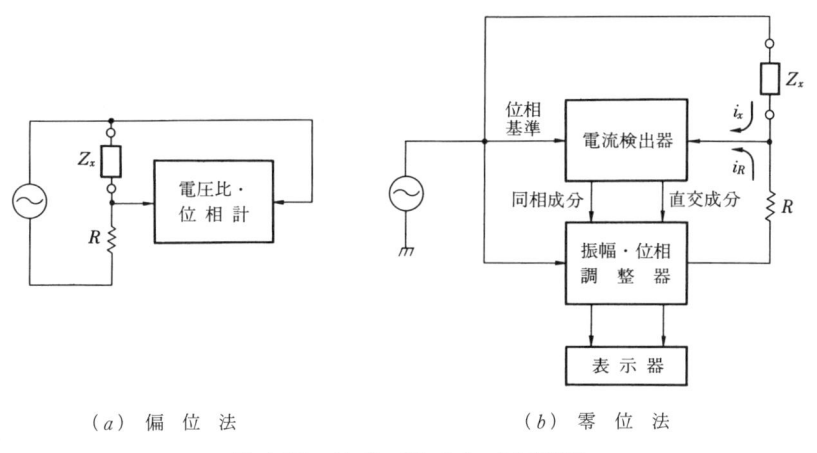

(a) 偏 位 法　　　　　　　　(b) 零 位 法

図 4.26　インピーダンスメータの原理図

高確度のインピーダンスメータとしては，図(b)の零位法の測定器がある．被測定インピーダンス Z_x の電流 i_x と基準抵抗の電流 i_R との和 ($i_x + i_R$) から，信号源と同相成分および直交成分とを検出し，それぞれが零になるように i_R の振幅と位相を自動調整して，振幅調整量から $|Z_x|$ を求め，位相調整量から $\theta = \angle Z_x$ を求める．マイクロプロセッサを内蔵するものでは，$|Z|$ と θ を希望のデータ形式，たとえば R-C 並列，R-C 直列などに変換し，それぞれの単位とともにディジタル表示する機能をもつ機種がある．

4.7 ネットワークアナライザ

4.7.1 ネットワークアナライザの概要

ネットワークアナライザ(network analyzer)は，増幅器やフィルタのような2端子対回路の入出力特性の測定装置ならびに回路部品やアンテナなどの2端子インピーダンスの測定装置として，正弦波信号発生器や2信号の電圧比と位相差の検出器などを一体化したものである．ネットワークアナライザによる測定を大別して，2端子対回路の入出力特性の測定を伝送測定または伝送法と呼び，2端子回路の入力信号と反射信号間の特性測定を反射測定または反射法と呼ぶ．ネットワークアナライザには，低周波用からマイクロ波用まであり，測定周波数範囲に応じて機種を選ぶ．

ネットワークアナライザの正弦波信号発生部は，シンセサイズド標準信号発生器として使用できる．また，信号検出部の回路構成はスペクトラムアナライザの回路構成に類似しているので，スペクトラムアナライザとしても兼用できるようになっている機種がある．

4.7.2 ネットワークアナライザによる伝送測定

ネットワークアナライザにより伝送測定を行う場合の回路構成を**図 4.27**に示す．2端子対回路を通った掃引正弦波信号は選択増幅され，被測定回路の入出力間の電圧比と位相差が検出されて周波数特性が**CRT**(cathode ray tube，別称ブラウン管)に表示される．CRTのX軸スケールは，狭い周波数範囲用のリニアスケールと，広い周波数範囲用の対数スケールとに切換できる．ま

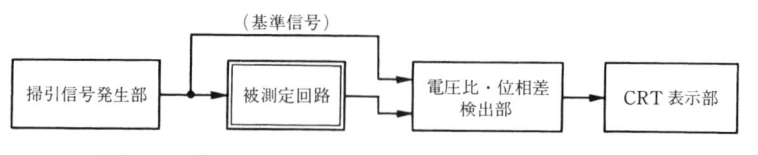

図 4.27 ネットワークアナライザの原理的回路構成(伝送測定)

た，電圧比のY軸スケールも，電圧比の測定範囲の狭広に応じて，リニアスケールとdBスケールとに切換できる．電圧比の最大測定範囲をダイナミックレンジといい，機種により70dB程度から120dB程度のものまである．

　伝送測定は，2端子対装置の特性測定に用いられるだけでなく，水晶振動子やセラミック振動子のように，周波数によって2端子インピーダンスの大きさと位相角が大幅に変化するデバイスの特性測定にも利用されている．

　伝送測定では，電圧比と位相差の基準を決めるため，被測定回路に接続する同軸コード間を直接に接続して校正を行う必要がある．ただし，測定周波数が高い場合には，被測定回路と接続する同軸コードの長さによる位相基準への影響を考慮する必要があり，高周波用の機種では，位相基準補正機能を有するものがある．

4.7.3　ネットワークアナライザによる反射測定

　ネットワークアナライザによる反射測定は，ネットワークアナライザの信号発生部に同軸コードを接続し，同軸コードの先端に被測定2端子インピーダンスを接続した構成で行う．同軸コードの特性インピーダンス(代表値50オーム)と被測定インピーダンスとの相違により，同軸コードを進行する入射波が接続点で反射される．入射波と反射波の比率を反射係数といい(**6**章参照)，反射係数から被測定インピーダンスを求めることができる．高周波用ネットワークアナライザでは，入射波と反射波を方向性結合器により分離して測定できる機能をもっているので，反射測定により2端子インピーダンスが測定できる．反射測定の際には，被測定インピーダンス接続端を短絡し，振幅と位相の基準を校正しておく．

　反射測定では，同軸コードの特性インピーダンスと被測定インピーダンスの相違が大きくなるに従って，反射波に及ぼす被測定インピーダンスの影響が小さくなり，測定の正確さが低下する．したがって，反射測定は同軸コードの特性インピーダンスと被測定インピーダンスが大きく相違しない場合に適し，インピーダンスが大きく相違する場合は伝送測定が適することになる．

4.8 波形分析器

4.8.1 波形分析器の概要

波形分析器(wave analyzer)または**信号分析器**(signal analyzer)は，信号波形に含まれる種々の周波数成分のレベルを測定する装置で，主要用途とその実際例には次のようなものがある．

1) 繰返し波形のスペクトル分析
 a．ひずみ波交流の高調波分析．
 b．ミクサ，変調器など，非線形素子を含む回路の特性測定．
 c．信号の寄生成分(スプリアス)の測定．
2) 変調性のスペクトル分析
 a．AM波の変調周波数，変調度，変調ひずみなどの測定．
 b．FM波の変調周波数，変調指数，変調ひずみなどの測定．
3) 不規則波形，雑音，単発波形などのスペクトル分析
 a．音声，騒音などのスペクトル分析．
 b．信号の周波数揺らぎ(位相雑音)の測定．
4) ひずみ率測定
 a．正弦波発生器，増幅器などの高調波ひずみ率特性の測定．
5) 電波のスペクトル分析
 a．受信電波の電界強度測定．
 b．妨害電波，雑音電波の測定．

以上のほかに，特定の周波数成分のレベル測定ができる機能を用いて，正弦波信号源の信号純度が影響する伝送回路特性の測定，高周波ブリッジの検出器などにも応用されている．

波形分析に使用される主な測定器の概要を**表4.8**に示す．機種の選択に際して考慮を要する項目としては，1) 用途，2) 周波数範囲，3) 周波数確

4.8 波形分析器

表 4.8 波形分析器の概要

名　称	機　能	性能の概略(機種による相違大)		主要用途†
		周波数範囲	最小入力	
選択レベルメータ 選択電圧計	特定の周波数成分のレベル測定	20 Hz〜30 MHz	−100〜−130 dBm	1), 4)
電界強度測定器	高感度,高選択度の測定用受信機	150 kHz〜1 700 MHz	最低電解強度 10 μV/m	5) 〔(1), 4)〕
スペクトラム アナライザ	スペクトル分布の直視装置	5 Hz〜300 GHz	−110〜−150 dBm	ほぼすべての項目
ひずみ率計	信号の実効値と高調波成分の実効値を比較	基本周波数 5 Hz〜600 kHz	0.3〜30 mV	4)
波形記憶装置と FFT処理装置	波形のディジタル記憶とその高速フーリエ変換	DC〜25 MHz	±50 mV を 8 ビットに変換	1), 3), 4)

† 主要用途は前ページにあげた項目に対応.

度,4)最低入力レベル(感度),5)レベル確度,6)周波数分解能,7)入力インピーダンス,8)周波数掃引(自動掃引,手動掃引)などがある.

4.8.2 選択レベルメータ,選択電圧計

選択レベルメータと選択電圧計は,増幅-変換方式のレベルメータと電子電圧計(4.4節参照)にそれぞれ周波数選択機能を付加したものである.選択レベルメータは,入力端で整合するとともに雑音が大幅に減少するので,周波数の上限が最も高い.

選択レベルメータの回路構成を図 4.28 に示す.動作原理は,スーパヘテロダイン方式の無線受信機と同じであって,入力信号を局部発振器により周波数変換し,狭帯域増幅器で一定周波数成分を取り出して,等価的にフィルタ周波数を変化させる方式である.

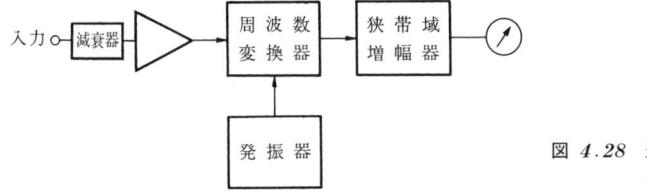

図 4.28 選択レベルメータの構成

この方式の特長は，一定周波数を選択するので周波数選択特性を鋭くできること，局部発振周波数の掃引(内部または外部)によって，記録計器に周波数スペクトルを自動記録させることができる点である．周波数成分のレベル測定の確度は，高周波・低レベルになるほど低下するので，使用に際しては，周波数とレベルに応じて，規格から確度を得ておく．

4.8.3 電界強度測定器

電界強度測定器(field strength meter)は，受信電波の電界強度を測定する装置であるが，選択電圧計としても利用できる．原理的な回路構成は，図 4.28 の選択レベルメータと同様，高感度，高選択度のスーパヘテロダイン方式無線受信機である．

通常の受信機との相違は，付属の枠形アンテナあるいはダイポールアンテナを使用して，電界強度の絶対値が直読できること，およびレベル校正機能をもつことである．また，選択電圧計との相違は，屋外の移動測定に適するよう，小形，軽量でかつ電源として交流電源のほかに電池が使用できる点である．

4.8.4 スペクトラムアナライザ

スペクトラムアナライザ(spectrum analyzer)は，万能形の波形分析器である．回路構成を図 **4.29** に示す．選択レベルメータなどと同様に，スーパヘテロダイン方式による周波数選択を行っているが，周波数スペクトルが CRT に表示される点に特長がある．被測定信号に応じて，掃引中心周波数，周波数掃引幅，掃引速度，周波数分解能などを大幅に選択・調整することができる．ま

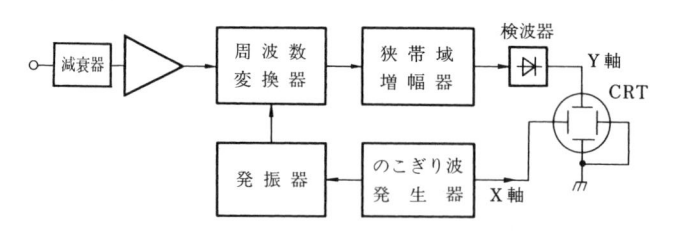

図 **4.29** スペクトラムアナライザの構成

た，低速掃引または単掃引の場合に映像の観察ができるよう，メモリ機能をもっている．

CRT 表示の Y 軸スケールは，電圧に比例するリニアスケールと電圧の対数をとった dB スケールとに切り換えることができ，dB スケールは，ダイナミックレンジの広い場合(例：10 dB/div，全幅で 70 dB)から狭い場合(例：1 dB/div，全幅で 8 dB)まで切換できる．dB 表示で感度を最高にすれば，アンテナの受信信号のスペクトルを直視できるので，妨害電波，雑音電波の観察にも適する．

スペクトラムアナライザは以上のように高機能の万能形波形分析装置であるが，いかなる計測器においても共通することは，高機能化は高価格化を伴うとともに，機能維持に要する手数と経費が増すことであって，機能だけで計測器を選定できないのは当然のことである．

4.8.5 ひずみ率計

ひずみ率計(distortion meter)は，高調波を含む交流信号の**ひずみ率**(distortion factor)を測定する専用機種である．信号の電圧波形に含まれる基本波，第二調波，第三調波などの振幅をそれぞれ V_1, V_2, V_3 などとすると，ひずみ率 D は次式で定義される．

$$D = \frac{\text{全高調波の実効値}}{\text{基法波の実効値}} = \frac{\sqrt{V_2^2 + V_3^2 + \cdots}}{V_1} \tag{4.35}$$

ふつう，D は％または dB で表す．また，次式で定義される TD を**全ひずみ率**(total distortion factor)という．ひずみ率計は D の代わりに TD を制定する装置である．

$$TD = \frac{\text{全高調波の実効値}}{\text{信号の実効値}} = \sqrt{\frac{V_2^2 + V_3^2 + \cdots}{V_1^2 + V_2^2 + V_3^2 + \cdots}} \tag{4.36}$$

D と TD との差 ε は次式となる．

$$\varepsilon \simeq \frac{\sqrt{V_1^2 + V_2^2 + V_3^2 + \cdots}}{V_1} - 1 \qquad (4.37)$$

V_1 に比べて V_2, V_3 などが小さいとき

$$\varepsilon \simeq \frac{1}{2}\left(\frac{V_2^2 + V_3^2 + \cdots}{V_1^2}\right) \qquad (4.38)$$

となり，式(4.36)を用いれば，上式は次式となる．

$$\varepsilon \simeq \frac{1}{2}D^2 \qquad (4.39)$$

たとえば，ひずみ率10%のときの差は0.5%となり，D と TD とはほぼ等しくなる．

　ひずみ率計の回路構成を図 4.30 に示す．入力レベル指示計によって入力信号の実効値を一定レベルに合わせ，一方，基本波成分を除去した出力の実効値をひずみ率〔%〕としてひずみ率指示計から読み取る．機種によっては，自動レベル調整(ALC)機能によって入力信号レベル調整不要のものもある．

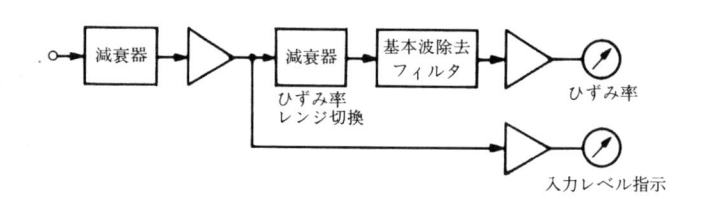

図 4.30　ひずみ率計の構成

　ひずみ率計の主な性能は，周波数範囲，最小入力レベル，ひずみ率確度などで，それらは主として基本波除去フィルタの特性と増幅器の利得ならびに増幅器内部で発生するひずみの特性によって決まる．通常，基本波除去フィルタにはウィーンブリッジによる RC アクティブフィルタを用いており，第二調波成分に対する基本波除去比60～100 dB が得られている．また増幅器で発生するひずみは -80 dB 以下に抑えている．ひずみ率の測定確度は入力レベルと周波数に依存するが，3～10 % 程度である．

　ひずみ率計は増幅器の入力レベル-ひずみ率特性の測定に使用されることが

多いが，その際には，信号源とする正弦波発生器として，ひずみ率が十分に低いものを使用するか，あるいは低減フィルタを使用して高調波分を除去する必要がある．

4.8.6 波形記憶装置とFFT処理装置

ディジタル技術の進歩によって，ディジタル方式の波形分析装置が用いられるようになった．ディジタル方式とは，入力信号を微小時間間隔でサンプルしてディジタルデータ群とし，それを**FFT**(高速フーリエ変換，**2.2.3**項参照)処理によってスペクトル分布を求める方式である．

波形記憶装置は**ディジタルメモリ**(digital memory)とも呼ばれ，入力波形をサンプルし，ディジタルデータに変換してICメモリに記憶する装置である．図**4.31**に回路構成を示す．

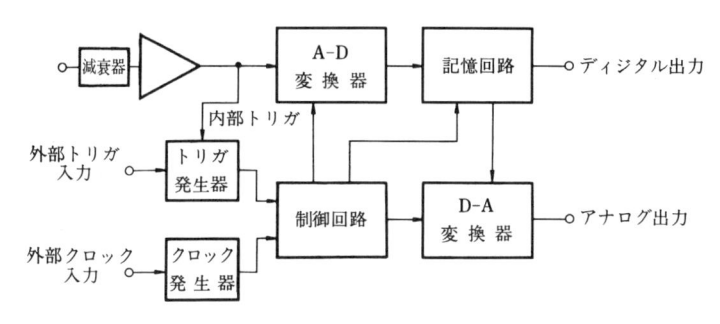

図 **4.31** ディジタルメモリの構成

記憶されたディジタルデータは，ディジタル信号で出力されるとともに，もとのアナログ信号に復元して出力される．入力信号を常時サンプルし，記憶容量の範囲内で順次記憶できるので，ある時点からさかのぼった波形の再生が可能なため，単発現象の記録・観察にも使用されている．一つのサンプル値は8～10ビット(0.4～0.1%の分解能)を1ワードとするディジタル信号に変換され，全記憶容量は1 024～4 096ワード程度である．サンプリング間隔すなわちA-D変換速度は最高で10 ns～1 μs，入力信号の周波数上限(-3 dB)としては250 kHz～25 MHz程度である．

ディジタルメモリと組み合わせて信号解析を行うFFT処理装置は，マイクロプロセッサを用いてFFT，逆FFT，相関などの演算を行う装置で，処理結果はディジタル信号またはアナログ信号として出力されるので，ディスプレイ装置または記録装置を持続して結果を表示させる．

また，ディジタルメモリと処理装置とを一体化した**ディジタルシグナルアナライザ**(digital signal analyzer)などと呼ばれる装置が開発されているが，入力周波数の上限が，いまのところ100 kHz程度の低い範囲にとどまっている．

4.9 ディスプレイ装置

4.9.1 ディスプレイ装置の概要

ディスプレイ装置(display)とは，信号をCRT(ブラウン管)の映像として表示する装置をいう．表示された信号から保存用の記録を得るには写真撮影を必要とするが，ディジタル信号に変換されている場合は，プリンタに出力できる．入力信号を直接に記録するには，次節で述べる記録装置を使用すればよいが，記録装置は機械的な機構を含むため，比較的に低速の入力信号に限られる．

CRTディスプレイ装置を大別すると，アナログ信号の波形観察用の装置と，ディジタル信号の観察・表示装置とに分けられる．アナログ信号のディスプレイ装置には，繰返し波形観察用のオシロスコープと，単発現象も観察できるディジタルオシロスコープがある．

波形観察の機能の相違は，主に1)周波数範囲，2)感度，3)チャネル数，などである．

周波数範囲は−3 dBの下限周波数と上限周波数で与えられるが，上限が重要である．感度は(入力電圧/映像の振れ)すなわち8〜10 mmの1目盛(division，略称div)の振れを得るのに必要な入力電圧の値で表し，これが小さいほど感度が高い．通常，1〜10 mV/divである．**チャネル**(channel，略称ch)**数**とは，同時に観察できる入力信号の数で，現象数ともいう．1 chから4 ch

までである．

ディジタル信号のディスプレイ装置には，信号の状態を調べるためのものと，信号の情報を適当な形式で表示するものとがある．以下，各種ディスプレイ装置について説明する．

4.9.2 オシロスコープ

オシロスコープ(oscilloscope)は，電子計測器のうちで最も基本的なものであり，生産されている機種も最も多い．その用途は，単に一つの量を測定するだけではなく，電子装置の動作状態の調査，故障検出，回路の調整などに欠かせないとともに，自動測定における表示装置としても広く使用されている．

代表的なオシロスコープの回路構成を図 **4.32** に示す．計測器用の CRT は，大形画面のもの以外はすべて静電偏向方式で，縦 80 mm，横 100 mm 程度の方形の蛍光面に 1 目盛 (1 div) 8〜10 mm 間隔の格子状目盛をもっている．横軸を X 軸，水平軸，時間軸などと呼び，縦軸を Y 軸または垂直軸と呼んでいる．時間軸発生器は，一定速度で変化する電圧を発生する回路で，変化速度は広範囲に調整できる．電圧変化の開始はトリガ回路から与えられるトリガパルスによって行われる．繰返し波形を静止させて CRT に表示するためには，入力信号の繰返し周波数と時間軸掃引信号の繰返し周波数の比が $N:1$(N：正整数) に保つ必要があり，トリガ回路によって入力信号から同一周波数のパ

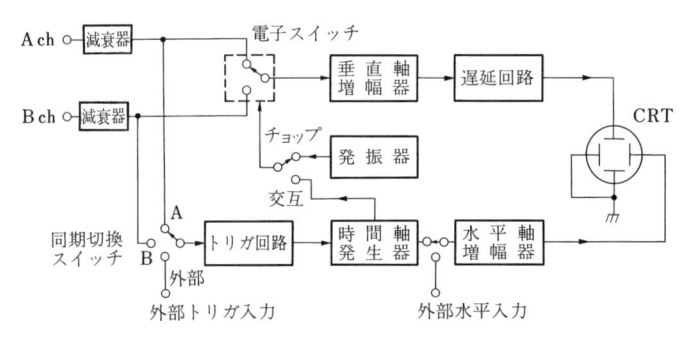

図 **4.32** オシロスコープの構成 (2 現象観測用)

ルスを作成し，さらにその整数分の一の繰返し周波数にして時間軸発生器に加えている．

図は二つの入力信号の波形を同時に観測する方式，すなわち2現象観測用の回路であって，電子スイッチによって入力信号を切り換えて表示する．切換方式は，交互掃引方式とチョップ方式があり，前者は時間軸発生器の変化開始のつど，電子スイッチを切り換える方式で，後者は入力周波数とは独立に電子スイッチを信号周波数よりもはるかに高速に切り換える方式である．両者の使い分けは，チョップ周波数(50 kHz〜1 MHz 程度)より十分に低い信号周波数ではチョップ方式，そのほかは交互掃引方式を用いる．図の遅延回路は，Y軸信号を遅延させて信号の立上り部分を観察するためのものである．

オシロスコープの開発後しばらくの間は，図の時間軸発生方式とは異なり，トリガ回路は持たず，時間軸発生器では一定振幅ののこぎり波を発生させ，その繰返し周波数を入力信号に直接に同期させる方式をとっていた．したがって，時間軸目盛を入れることができず，同期も安定にかからない場合があった．その後，トリガパルスで同期させる方式に移行し，**同期**(synchronization)が安定なオシロスコープとの意味で，この方式のものを**シンクロスコープ**(synchroscope)と呼ぶようになったが，現在のオシロスコープではほとんどがトリガパルス方式で，かつ掃引速度は入力信号とは無関係になっており，オシロスコープとシンクロスコープとは区別しないようになった．

オシロスコープの進歩の歴史は，周波数上限の拡大の歴史といえよう．周波数上限の制約は，主として増幅器の周波数上限と CRT の動作周波数上限とによる．現在では 500 MHz 程度である．

オシロスコープの使用時に注意を要する点の一つに入力インピーダンスがある．入力インピーダンスは，通常，1 MΩ と 30〜50 pF の並列として与えられるが，高周波では並列容量のリアクタンスで入力インピーダンスが定まり，被測定回路に接続したときの影響が無視できない場合が多い，高入力インピーダンスを得たい場合は専用のプローブを使用する．プローブは RC 並列回路を入力端子に直列に接続した分圧器で，RC の時定数を合わせて周波数特性を平

坦にし，分圧比だけ入力インピーダンスを高くするもので，一般に使用される分圧比 1/10 のものでは入力インピーダンスとして 10 MΩ と 10 pF の並列のインピーダンスが得られる．

その他の注意点としては，測定確度を重視するときは内部の校正用方形波を用いて垂直軸と水平軸の目盛を校正すること，映像を鮮明にするように焦点(フォーカス)調整と収差調整を行うこと，高輝度のスポットを静止させて蛍光面を劣化させることがないように注意することなどがある．

4.9.3 ディジタルオシロスコープ

ディジタルオシロスコープ(digital oscilloscope)は，4.8.6項で述べた波形記憶装置とオシロスコープの機能を一体化したものである．波形をディジタルデータとして記憶する機能により，アナログ方式のオシロスコープに比べて，次の利点がある．

1) 高速繰返し形の観測： 3.2.3項で説明したサンプリングによる周波数圧縮を用いている．観測できる周波数の上限は1秒間に行うサンプリングの回数(サンプルレート)で決まり，最高速の機種では 10^9 台のサンプルレートなので GHz 台の波形が観測できる．

2) 単発現象の観察： サンプリングしてディジタル化したデータを内蔵の半導体メモリに順次に書き込んでいくので，単発現象でトリガをかけて書込みを停止させると，トリガの前後のデータが記憶できる．どの程度に詳細な波形が観測できるかはメモリに記憶できるデータ数で決まる．データ容量は機種による相違し，10^3 台から 10^6 程度である．

3) 波形に関する情報の表示： 記憶したデータを処理することにより，最大値，最小値，繰返し時間などの波形に関するいろいろな情報を，数値で CRT に表示させることができる．

4) データの保存： 記憶したデータは磁気ディスクなどに転送して保存できる．また CRT 面画をハードコピーとして印刷することができる．

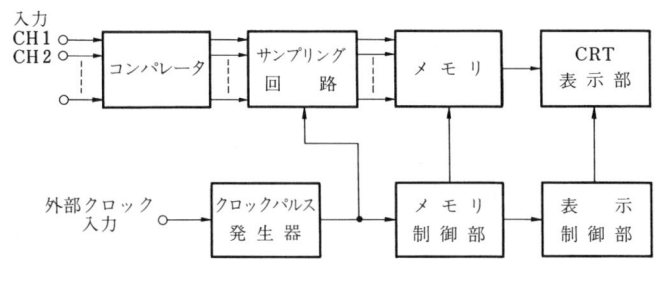

4.9.4 ロジックスコープ

ロジックスコープ(logicscope),**ロジックアナライザ**(logic analyzer)などと呼ばれるディスプレイ装置は,ディジタルICの動作特性,論理回路の動作状態などを観測する装置であって,近年ディジタル装置の発達に並行して,新機種が次々に開発されている.

ディジタル回路の動作状態の観測は,通常のオシロスコープで行うこともできるが,オシロスコープは1～4現象の表示を行うのに対して,ロジックスコープでは4から最大では32の入力信号を同時に表示できるので,回路全体の動作の把握,動作不良個所の検出などを容易に行うことができる.他の相違点は,ロジックアナライザは波形を直接に表示するのではなく,入力信号が"high"か"low"か,すなわち2進符号の"0"か"1"のどちらかの状態にあるかを検出して表示する点である.

ロジックスコープの原理的な回路構成を図**4.33**に示す.入力信号はコンパレータ(比較器)によって一定のしきい値(スレッショールドレベル)以上か以下かが検出され,"high"または"low"の2レベルに変換される.変換された信号はクロックパルスのタイミングでサンプルされ,"0"または"1"の信号でメモリに集録される.図では省略してあるが,メモリへの書込み開始のトリガパルスを入力信号から作成するトリガ回路,および外部トリガ端子をもっている.

図 **4.33** ロジックスコープの構成

CRTの表示方式はタイミング表示とステート表示の2とおりがあり,表示方式に応じて,ロジックタイミングアナライザあるいはロジックステートアナ

ライザということもある．タイミング表示とは，"high"または"low"の2レベルに変換された波形をクロックパルスとともに表示して，時間的にどのような変化が生じているかを観察できる表示である．

ディジタル回路でしばしばグリッチと呼ばれる幅の狭いパルス状切れ込みが発生して，誤動作の原因となる．タイミングスコープでは，トリガ回路でグリッチを検出し，CRTに表示する機能をもつものがある．タイミングスコープは主として論理回路のハードウェアの動作状態の観測，誤動作個所の検出などに使用されるが，信号波形を直接に見ることはできないので，オシロスコープが併用されることも多い．

一方，ステート表示とは，各チャネルの信号を，2進符号のほか，8進，10進，16進などの符号として数字表示する方式で，ハードウェアの動作状態の観察のみでなく，情報内容の把握・検討にも使用される．ステートアナライザはタイミングアナライザに比べて入力チャネル数が多く，トリガ機能も高度になっている．

4.10 記録装置

4.10.1 記録装置の概要

記録装置は，測定によって得られた情報を保存できる記録にして表示する装置である．装置の入力信号には，アナログ信号とディジタル信号の2とおりがあり，また，出力表示方式には，曲線によるアナログ表示と数字，文字，記号などによるディジタル表示の2とおりがある．入力信号と出力表示の組合せで，記録装置は次のように大別できる．

1) アナログ入力-アナログ表示　ペンレコーダ，X-Yレコーダ，オシログラフなど．
2) ディジタル入力-ディジタル表示　ディジタルプリンタ．
3) ディジタル入力-アナログおよびディジタル表示　グラフィックプロッタ．

また，記録紙への記録方式には，次のような種々の方式がある(アナログ表示用をA用，ディジタル表示用をD用で表す)．

1) インクペン方式　カートリッジインクペン，フェルトペン，ボールペンなどを使用し，紙に書かせる方式(A，D用)．
2) 熱ペン方式　ペンの先端を発熱させ，感熱紙を発色させる方式(A用)．
3) 光学方式　光ビームを偏向させ，感光紙に記録する方式(A用)．
4) インクジェット方式　インクをノズルから噴射して紙に当てるドットマトリックス方式(D用)．ドットマトリックスとは，1個の文字，記号などを，たとえば7行5列の35の点の組合せで表す方式をいう．
5) 熱印字方式　ドットマトリックス方式による熱活字によって感熱紙に記録する方式(D用)．
6) 加圧印字方式　活字を感圧紙に打ちつけて記録する方式(D用)．

以上のほかにまれに使用されるものに，導電紙とペン先端で放電させて記録する放電方式，ペン先端で記録紙，フィルムなどに傷をつけるスクラッチ方式がある(いずれもA用)．

記録装置はいずれも機械的可動部を動かすため記録速度は遅く，アナログ信号記録では最高速の光ビーム方式でkHz台，多くは1Hz程度である．

主な記録装置の概要を**表 4.9**に示す．長時間の監視用記録装置は省略して

表 4.9 記録装置の概要

名称(アナログ入力)	チャネル数	記録速度	最高感度	記録紙
ペンレコーダ	1〜10	500〜1 000 mm/s	1 mV フルスケール	専用紙(幅 12〜25 cm)
X-Yレコーダ	1〜2	500〜1 000 mm/s	20 μV/cm	方眼紙(A 4 または A 3)
オシログラフ(ペン)	1〜8	50〜150 Hz	プラグイン増幅器による	専用紙
オシログラフ(光)	3〜24	100〜3 500 Hz	同上	専用感光紙

名称(ディジタル入力)	1行の字数	印字速度	印字文字	記録紙
ディジタルプリンタ	10〜20	1〜10 行/s	数字，単位記号	専用紙
グラフィックプロッタ	任意	25〜36 cm/s	ソフトウェアによる	方眼紙(A 4 または A 3)

ある．以下，それぞれについて説明する．

4.10.2 ペンレコーダ

ペン方式の記録装置には種々のものがあるが，一般にペンレコーダと呼ばれるものは，いわゆる自動平衡形記録計である．原理的な構成を**図 4.34**に示す．

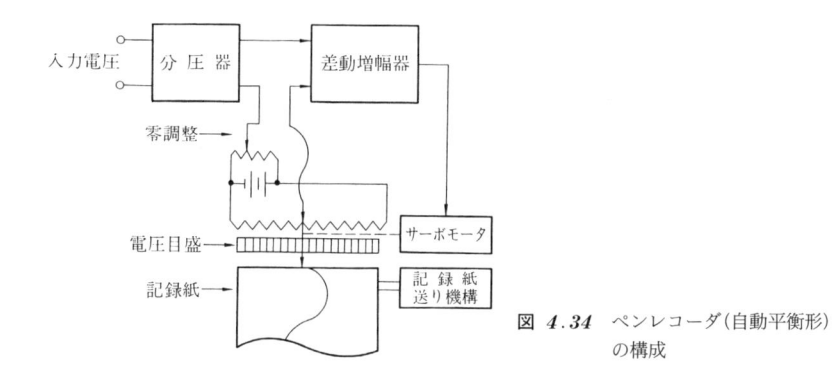

図 4.34 ペンレコーダ（自動平衡形）の構成

ペンの位置に対応して基準電圧が正確に分圧されるよう，棒状の巻線形抵抗器を用いており，分圧された電圧と入力電圧が等しくなるようにペンの位置が移動する．差動増幅器には，ふつう交流電源で駆動するリレー式チョッパ増幅器を使用し，ドリフトを防止している．測定確度の代表例は，有効記録幅の±0.25%である．有効記録幅とは，記録紙に記録できる最大値をいい，120〜250 mm である．記録紙には目盛と紙送り用の孔を両端に持つロールまたは折畳みの専用紙を用いる．記録紙の送り速度は，10 mm/s から 10 mm/h 程度の範囲内で選択できる．

4.10.3 X-Y レコーダ

X-Y レコーダはペンレコーダと同じ自動平衡形記録計である．ペンレコーダでは記録紙を一定速度で送るのに対し，X-Y レコーダでは記録紙は固定し，ペンを X，Y の両方向へ自動平衡形で移動させる点に相違がある．回路構成

は，図4.34のペンレコーダの構成において，記録紙の送り機構の代わりに自動平衡形のペン移動機構を用いてある．

X-Yレコーダの機種によっては，内蔵の掃引電圧発生器の掃引信号をX軸入力に加えて時間掃引が行えるもの，あるいは記録紙の送り機構をも有し，ペンレコーダと同じに使用できるものなどがある．自動平衡形なので，ペンの移動速度はペンレコーダと同程度である．

4.10.4 オシログラフ

オシログラフ(oscillograph)は高速現象の記録装置で，記憶方式によってペン式と光学式の2とおりに分けられる．ペン式オシログラフの構成を**図4.35**に示す．前置増幅器，ペン駆動機構(ペンモータ)などを交換できる機種では，感度，周波数上限などに応じて適当なものを組み合わせる．ペン駆動機構はペンの支軸を電磁力によって回転させるので，ペンのアームの長さが一定のとき，ペン先は円弧状に動き，記録波形は見かけ上ひずんだ波形となる．波形のひずみを減少させるため，アームを長くしたり，アームにリンク機構を付加して先端を直線性によく動かす方式がとられている．ただし，そのような対策は，動作周波数の上限を低下されることになるのはやむをえない．

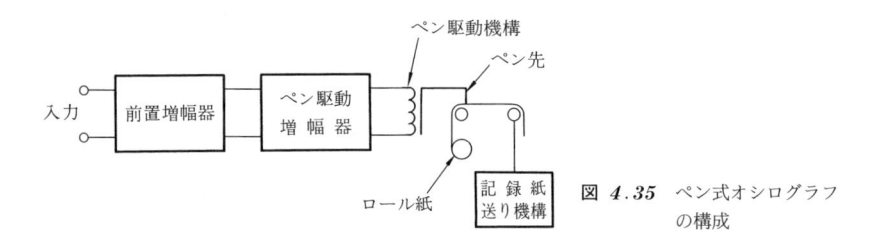

図4.35 ペン式オシログラフの構成

このような機構上の制約から，記録の最大振幅は大きくできず，通常，40～50 mm程度である．記録方式はインクペンと熱ペンが主で，応答速度を上げるために軽量にすること，ペンが高速で動作するため，ペン先の寿命を長くすることに重点が置かれる．

光学式オシログラフでは，電磁力によって回転する機構に微小な鏡がついて

おり，光源(超高圧水銀ランプ)からの光が回転する鏡で反射されて感光紙に達して記録される．鏡が回転する機構は細長い筒状の容器に収めてあり，振動子と呼んでいる．振動子は感度と周波数上限に応じて選択する．光学式の特長は，鏡が小形，軽量なので周波数上限が高いものが得られること，光路長を長くできるので感度が良く，波形ひずみも少ないことなどがある．一方，記録の鮮明度と保存性が低いこと，記録紙が高価なことなどの短所がある．

4.10.5 ディジタルプリンタ

ディジタルプリンタまたはディジタルレコーダと呼ばれる記録装置は，ディジタルマルチメータ，ディジタル温度計などのディジタル計測器の出力信号を単位記号，数字，小数点などのディジタルデータとして記録する装置である．測定データから目視によって情報を得るには，アナログデータに比べてディジタルデータは直観的でないので，ディジタルプリンタは主として記録保存用に使用される．

印字方式には，タイプライタ方式，加圧印加方式，熱印加方式など，種々のものがある．機種によっては電子式時計回路を内蔵し，データを記録する時間間隔を適当に設定できるとともに，記録時刻を同時に印字できるものがある．ディジタルデータを入力するときはインタフェースを考慮する必要がある．ディジタルプリンタの多くは，BCDパラレルとBCDシリアルの両用であるが，GP-IBによる接続が可能なものもある．

4.10.6 X-Yプロッタ

X-Yプロッタ，グラフィックプロッタなどと呼ばれる記録装置は，ディジタル入力信号によって直線，曲線，文字などを描かせ，グラフの作図を行う装置で，最初はコンピュータの周辺装置として開発されたが，最近ではディジタル計測システムの出力装置としても広く用いられている．

X-Yプロッタの構成を図 4.36 に示す．マイクロプロセッサは入力信号に含まれるコマンド(命令信号)に従って，メモリの入出力，ペン移動記号とペン

126　4. 電子計測器

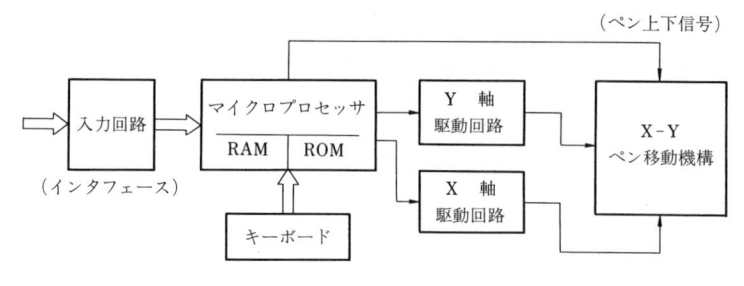

図 4.36　X-Y プロッタの構成

上下信号の出力を行う．メモリの主な動きは，高速の受信データを一時収容するバッファメモリと，文字，記号，数字，直線などの書き方を記憶しておく機能である．

　X-Y プロッタの特長は，インテリジェント機能を有することである．インテリジェント機能とは，簡単な指示を行うと，メモリ内に記憶されている手順に従って高度の動作を行う機能をいう．たとえば，グラフの作図では座標軸のとり方，目盛の入れ方，目盛に対応する数値などを指示すれば自動的に作図が行われる．また，2点の座標を指示し，その間を直線で結ぶコマンドを送ると2点間の直線が描かれる．X-Y プロッタの機種による機能の相違は，主としてインテリジェント機能の内容による．

　なお，キーボードからは限られたコマンドが入力でき，ペン移動，ペン上下などを手動制御で行うこともできる．機械的動作の性能の概略値をあげると，ペンの移動速度は軸方向で 500 mm/s 程度，ペンの移動量の最小ステップは 0.1 mm，ペンを移動させたときの位置確度は ±0.2 mm などである．

演 習 問 題

4.1　標準記号発生器の出力レベルが 100 dB，出力インピーダンスが 50 Ω のとき，出力レベルを dBm で表せ．

4.2　図問 4.1 に，LPF(低減フィルタ)，BPF(帯域フィルタ)，HPF(高域フィ

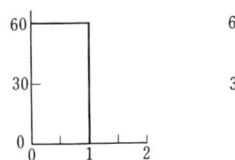

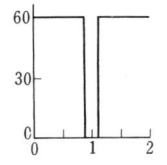

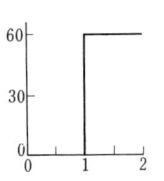

図問 **4.1** フィルタの特性
(横軸は規準化周波数：f/f_0，縦軸は減衰量〔dB〕)

ルタ）の特性を理想化して示す．

(a) 掃引信号発生器と X-Y レコーダを用いて，これらのフィルタの減衰量周波数特性の自動測定システムを構成せよ．

(b) 掃引信号発生器の出力は，基本波成分のほかに -30 dB の第二調波成分を含むとする．測定システムが第二調波の除去機能をもたないとき，X-Y レコーダにはどのような特性が記録されるか概略を図示せよ．

4.3 電子式電圧計の入力抵抗が 10 MΩ，入力容量が 10 pF のとき

(a) 基本波に対し 10 % の第二調波成分を含むとき，基本波のみのときの電圧に比較して最大で何 % の相違が生ずるかを求めよ．

(b) 10 % の第三調波を含むときはどうなるか．

4.5 低抵抗の測定では，図問 **4.2** のような 4 線式接続方法によって，$R = V/I$ として求める方法が用いられる．4 線式とする理由を説明せよ．（低インピーダンスの測定も同じ方法を用いている．）

4.6 図 4.24(c) のインピーダンスブリッジの構成で，被測定素子を L_x と R_x との直列回路で表し，また，R_2 と C_3 とは並列接続にして，そのときの平衡条件から L_x と R_x を求める式を導け．

4.7 オシロスコープの周波数帯域(-3 dB 幅)が RC 並列回路の特性で決まるとし，周波数帯域 10 MHz のオシロスコープの立上り時間を求めよ．

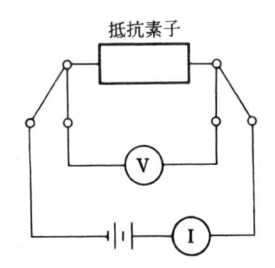

図問 **4.2** 低抵抗の測定方法

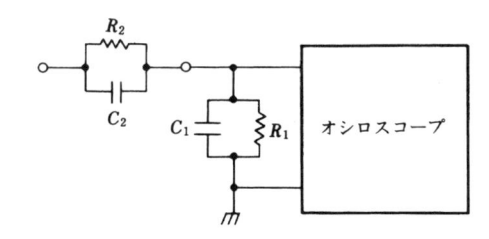

図問 **4.3** 高入力インピーダンスを得るプローブの原理

4.8 オシロスコープの高調波における入力インピーダンスは,入力容量によって定まる。オシロスコープの入力抵抗と入力容量を,**図問 4.3**に示すようにそれぞれ R_1, C_1 とする。高入力インピーダンスを得るための付属プローブの原理は,図のように R_2 と C_2 の並列回路を直列に挿入する方法である。

 (a) 素子の値は,$R_1 C_1 = R_2 C_2$ となるように調整すればよい。その理由を考えよ。

 (b) R_2 と C_2 とを接続するとオシロスコープの入力電圧が低下する。入力容量が小さくなる比率と電圧が減衰する比率は,どのような関係をもつかを求めよ。

 (c) $R_1 C_1 = R_2 C_2$ になるように調整するには,方形波を入力したときのオシロスコープの観測波形が,最も方形波に近くなるように C_2 を調整すればよい。その理由を考えよ。

5. ディジタル計測法

5.1 ディジタル計測の全体構成

5.1.1 ディジタル計測システム

ディジタル計測法とは単にディジタル計測器を使用する計測法というのではなく,ディジタル機器を適切に接続してディジタル計測システムを構成し,高度の機能を発揮させる計測法である.ディジタル計測法においては,測定者が通常行っている作業,たとえばダイヤル調整,指示値の読取り,データのグラフ化などの作業を計測システムに実行させることができる.作業を最大限まで計測システムに実行させるとき,測定者の測定実行作業としては,測定条件と得たい情報とを指示し,計測システムの動作を開始させるだけでよい.ディジタル計測法の全体の作業は,所要の機能をもつディジタル計測システムを構成する作業すなわち測定準備段階と,計測システムの操作すなわち測定実行段階からなり,実行段階はきわめて単純化できるが,反対に準備には手数を要することになる.

ディジタル計測システムのハードウェアの構成例として,フィルタ,増幅器などの2端子対回路の入出力特性測定システムを**図 5.1** に示す.個々の装置に与えられる制御信号および装置から得られる測定データは,すべてディジタル信号形式で共通のバスラインを通してやりとりされる.装置群は,1)被測定装置の入出力電気信号に関する装置,2)被測定装置の環境条件設定に関する装置,および3)それらを制御するとともに,それらの出力データから所要の情報を抽出する装置(計測用コンピュータシステム)に分けられる.図のディ

5. ディジタル計測法

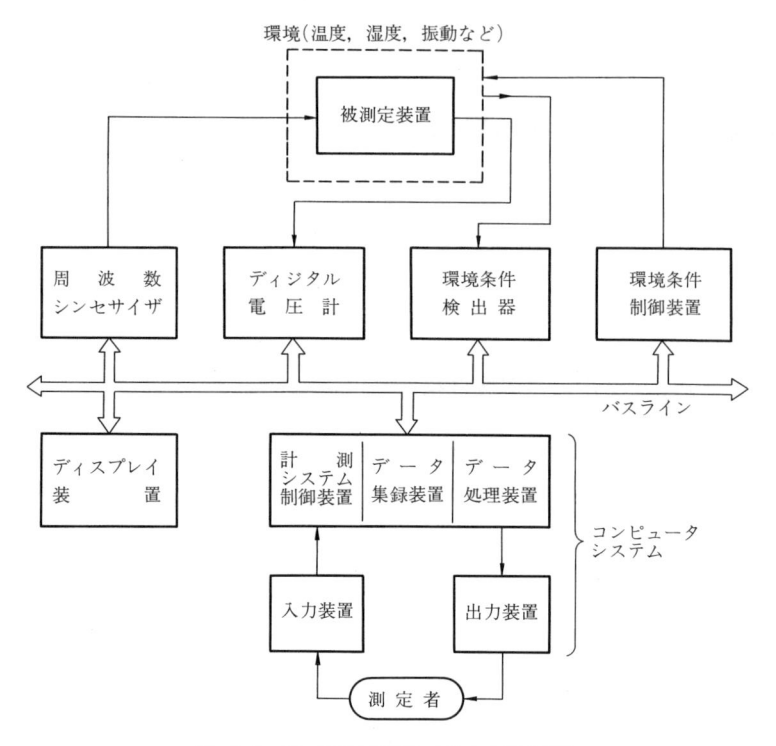

図 5.1 ディジタル計測システムの構成(例)

スプレイ装置は，進行状況の監視用で，コンピュータシステムの周辺装置に含めてもよい．

　ディジタル計測法では測定の実行は簡単だが準備に手数がかかるので，同様の測定を数多く繰り返す用途に適する．そのような用途の例としては，製品の試験，検査システムがある．試験用の場合は環境条件，特に温度の設定が必要である．特定の温度に合わせるだけでよければアナログ制御でよいが，ある順序に従って制御する場合すなわちプログラム制御の場合は，ディジタル制御が適する．

5.1.2 作業の進行方法

　ディジタル計測の全体の作業は，計測システムの準備段階と，そのシステム

5.1 ディジタル計測の全体構成

による測定の実行段階からなる．準備段階の作業内容は，計測システムのハードウェアを構成する作業と，システム制御プログラム，データ処理プログラムなどのソフトウェアを作成する作業に分けられる．ハードウェアの構成においては，電子計測器に関する知識，最適な計測器の選択能力，電子回路特にディジタル回路の設計，製作能力などを必要とし，ソフトウェア作成においては，FORTRAN，BASICなどのプログラム言語を習得しておく必要がある．準備作業の着手から所望の結果を得るに至るまでの進行方法を**表5.1**に示す．

表5.1 ディジタル計測法における作業の進行方法

		作 業 事 項	細　　　　目
A. 準備段階	A.1	計測システムの機能目標の決定	1) 計測の目的の明確化 2) 出力情報の決定 3) 測定データ形式の決定
	A.2	データ処理プログラムの作成	1) 測定データ量の決定 2) データ処理方法の決定 3) プログラムの作成
	A.3	計測システムの設計	1) データ測定装置の設計 2) 環境条件設定装置の設計 3) 装置群の制御方法の決定 4) コンピュータシステムの決定 5) インタフェースの設計 6) 制御プログラムの作成
	A.4	計測システムの組立	
	A.5	動作試験およびシステム校正	1) モデル測定 2) 確度評価 3) 校正プログラムの作成
B. 実行段階	B.1	測定条件の設定	
	B.2	データ測定開始命令	
	B.3	データ処理開始命令	
	B.4	最終結果の考察	

表のすべてのステップが常に必要というのではなく，また進行順序も1とおりとは限らない．かえって，試行錯誤を繰り返しながら，各所に修正を加えていくのがふつうである．表の順序に従って作業内容の概略を述べる．

A.1　計測システムの機能目標の決定

1) 計測の目的の明確化　ディジタル計測法は準備に手数を要するので，着手に先立って目的をできるだけ明確にしておくことが望ましい．すなわち，測定対象，適用範囲，調査事項(たとえば測定対象の性能評価，良否の判定など)，測定条件(環境条件を含む)，確度目標などを明確にしておく．

2) 出力情報の決定　測定結果として出力される情報の形式を決定し，使用する諸量の種類と定義を明確にしておく．

3) 測定データの形式の決定　計測システム中のディジタル計測器から得られるデータは，インピーダンス，電圧比，位相など，種類が限られており，それらの周波数応答特性，時間応答特性などを測定し，データ処理によって出力情報を求めることになる．そのため直接に得られるデータと出力情報との関係を検討したうえで，データ形式を決定する．

A.2　データ処理プログラムの作成

1) 測定データ量の決定　出力情報を得るために使用する全データ量を決定する．それらは，データ測定範囲(周波数範囲，時間範囲など)，データ間隔(周波数間隔，時間間隔など)，環境条件のデータなどである．データのとり方は，測定対象に応じてコンピュータに決定させてもよい．

2) データ処理方法の決定　測定データから出力情報を得る具体的手順を検討し，フローチャートを作成する．

3) プログラムの作成　フローチャートを基に，FORTRAN，BASICなどでプログラムを書く．さらに，磁気ディスク，磁気テープなどの記録媒体によるコンピュータ処理プログラムを作成する．できれば代表的な測定例を想定してテスト用のモデルデータを作り，それを用いてプログラムが良好に動作することを確かめておく．計測器確度によるデータのばらつきの影響を見るには，乱数表によってモデルデータにばらつきを与え，データ処理を行ってみる．

A.3 計測システムの設計

1) **データ測定装置の設計** 測定対象の入出力電気信号に関する装置のブロック図を作り，適合するそれぞれの計測器を選定する．アナログ信号入力-ディジタル信号出力のディジタル計測器として適当なものが得られない場合は，アナログ出力が得られるアナログ計測器を信号変換器として使用し，出力を A-D 変換する方法を検討する．

2) **環境条件設定装置の設計** 測定条件に環境条件を含める必要がある場合には，設定装置を設計する．環境条件を検出するセンサの選定，センサ出力の A-D 変換，センサ特性のリニアライザ，ディジタル制御方式の環境制御装置などについて検討し，全体を設計する．

3) **装置群の制御方法の決定** 上記 1)，2) の装置群が決定した段階で，個々の計測器あるいは機器の操作方法と，全体の操作順序を検討し，制御プログラムのフローチャートを作成する．

4) **コンピュータシステムの決定** 計測システムの制御，測定データの集録，およびデータ処理を行い，最終結果を表示するコンピュータシステムを決定する．ふつう計測用コンピュータと呼ばれるものは，システム制御およびデータ集録を主とし，計測の自動化は可能だが，データ処理能力は高くない．高度のデータ処理を行うときは，ワークステーションを使用するか，汎用コンピュータによるオフライン処理方式をとる．

5) **インタフェースの設計** ディジタル機器間を接続するインタフェースについては次節で述べる．機器の間で送受される信号の形式が一致していないときは，信号形式の変換回路を設計する．

6) **制御プログラムの作成** 上記 3) のフローチャートを基に，システム制御プログラムを作成する．

A.4 計測システムの組立

設計が完了したならば，計測器，コンピュータなどを集め，それらを相互接続して全体の組立を行う．

A.5 動作試験およびシステム校正

1) モデル測定 計測システムの組立とプログラムの作成が完了したならば，動作試験を行う．特性が既知のものを測定対象として試験を行えば，出力情報から動作の良否を直ちに判定できる．

2) 確度評価 測定対象として基準器を使用できるときは，確度評価を行う．たとえば，伝送量測定においては，標準抵抗減衰器を基準器とする．

3) 校正プログラムの作成 基準器を使用して，多数の点における確度評価が行える場合は，自動校正によってシステムの確度を上げることができる．すなわち，校正データをもとに測定データを校正するプログラムを作成し，データ処理プログラムの前に付けて，自動的に校正を行わせる．

B.1 測定条件の設定

ここから実際に測定を実行する段階に入る．測定者は計測システムを起動させて適当な時間のウォーミングアップを行った後，測定対象に応じて測定条件を設定する制御プログラムの場合は，条件を入力する．

B.2 測定開始命令

スタートボタンを押す．

B.3 データ処理開始命令

1台のコンピュータでシステム制御，データ集録，およびデータ処理をすべて行うときは，自動的に全過程が進行する．データ処理を別のコンピュータで行うときは，データを転送してデータ処理を行わせる．

B.4 最終結果の考察

コンピュータの出力装置で表示される最終結果を目視によって考察する．記録保存には，記録紙にプリント表示するか，磁気記録媒体に書き込む．

5.2 ディジタル機器のインタフェース

5.2.1 インタフェースとは

　ディジタル機器の間でディジタル信号を送受できるように相互接続を行うことを**インタフェース**(interface)という．相互接続を行うときには，信号の電気的規格と，接続用具の機械的規格を相互に適合させる必要がある．
　電気的規格の主要項目として，次のものがある．

1) 信号コード形式　　会話の言語は共通でなければならない．数値のみの場合はBCDコード(8421)，文字，記号などを含むときはISOコードが広く用いられている．また，誤り検出ビットを含むときは，偶数パリティが奇数パリティかの区別が必要である．

2) 信号伝送方式　　2本の信号線で信号を1ビットずつ順次に伝送する方式を**シリアル伝送方式**といい，1バイトのビット数の信号線に共通帰線1本を加え，バイトの各桁を並行して送り，バイト単位で順次に伝送する方式を**パラレルシリアル伝送方式**という．機器間で入出力形式が異なるときは，パラレル ⇄ シリアルの変換回路を挿入する．

3) 論理レベル　　2進符号の二つの状態を表す電圧または電流のレベル範囲である．たとえば，一方を0.5V以下，他方を4.5V以上というように指定する．高レベルをhighまたはH，低レベルをlowまたはLで表す．

4) 論理極性　　2進符号の"0"と"1"と，レベルのHとLとの対応関係で，Hが"1"，Lが"0"を表す場合を正論理，その反対を負論理という．

5) 同期・非同期　　同期信号を含めて信号を伝送し，同期信号のタイミングに合わせて受信する方式を同期方式，同期せずに受信できる方式を非同期方式という．

6) 信号伝送速度　　2台の機器間で信号を送受するときは，受信側の最高動作速度以下で信号を伝送しなければならない．

7) 入出力インピーダンス　　機器を相互接続したとき，入出力インピーダンスの影響によって論理レベルが規定値外に変動しないことが必要である．影響を除くにはバッファを使用する．また，機器間の距離が長いときは，信号伝送線路の特性インピーダンスに合わせるよう，インピーダンス変換を行う．

インタフェースの機械的規格としては，次のものがある．

1) コネクタ　　信号線をそれぞれの機器に接続するときはコネクタが適合していなければならない．

2) ケーブル　　信号伝送方式に応じて，必要な信号線数をもつケーブルを使用するのは当然だが，それぞれの信号線が機器相互の端子間を正しく接続するように，ケーブルとコネクタが接続していなければならない．

　上記の規格がすべて同じであれば，機器間を直接に接続することができる．規格に相違があるときは，適合策を講じる．たとえば，信号形式が異なる場合は，信号変換を行うインタフェース回路を準備する．また伝送速度が速すぎるときは，バッファメモリに一時ストアして，低速の読出しを行うなど，相違点に対応してくふうすればよい．

5.2.2　標準インタフェース

　ディジタル計測器として最初に現れたのは周波数カウンタであって，計測器のインタフェースとして最初に行われたのは，周波数カウンタとディジタルプリンタとの間で，カウンタ出力を記録するためであった．そのときのデータ形式は BCD パラレル形式で，この方式は現在でも使用されている．当初は同じメーカが提供する機器間の接続に限られていたが，ディジタル計測器の機種の増加に伴って，異なるメーカの計測器を簡単に相互接続してシステム化を容易にすることが重視されるようになり，国際的にインタフェース標準化の作業が

進められてきた．現在，標準的なインタフェースとしては，**GP-IB**，**RS 232 C**，**CAMAC**(computer automated measurement and control の略)などがあるが，CAMAC は原子力関係などの大規模な計測システム用に限られているのでここでは省略し，前二者について説明する．

GP-IB とは，**国際電気標準会議**(International Electrotechnical Commission)で制定された標準インタフェースの通称である．GP とは general parpose(汎用の意味)の略称，また IB とは**インタフェースバス**(interface bus)の略称であって，すべてのディジタル機器を**バスライン**(bus lines；母線)に並列に接続する方式の意味である．IB 方式では，前述の電気的規格と機械的規格のほかに，インタフェース機能に関する機能的規格が含まれている．

IB 方式は米国 Hewlett Packerd 社が最初に考案し，HP-IB と名付けたもので，1975 年に米国電気電子学会(略称 IEEE)において IEEE Std 488-1975 として機能的規格，電気的規格および機械的規格が制定され，IEC においては，1977 年に電気的規格が標準化された．わが国でも JIS C 1907(1987)として標準化されている．現在のディジタル計測器では，簡便な機種を除き，ほとんどが標準インタフェース機能を標準装備または注文装備(オプション)としている．

次に，IB 方式の概要を述べる．計測システムを構成するすべての機器は，16 本一組みのバスラインに並列に接続され，機器数は最高 15 台，接続ケーブルの全長は 20 m 以内，信号伝送速度は 1 M バイト/s 以下とされている．システムを構成する機器の役割は次の 3 とおりに分けられる．

1) **リスナ**(listener，聞き手)　その機器のアドレスが指定されたとき，データを受け取ることができるもの．

2) **トーカ**(talker，話し手)　その機器のアドレスが指定されたとき，データを送ることができるもの．

3) **コントローラ**(controller)　リスナとトーカを指定し，その間でデータの転送を行わせることができるもの．

コントローラは計測システムの制御装置なので，システム中で 1 台のみであ

る．リスナとトーカはシステム中に複数ずつ含まれてもよいが，システムの動作中は，トーカとしては1台しか動作できない．なお，コントローラはリスナとトーカを兼ねることができ，リスナとトーカの多くはリスン専用とトーク専用である．

標準インタフェースバスの構造を図 5.2 に示す．図には機器の機能と例も示してある．16本の信号線からなるバスラインは3グループに分かれている．データバス（8本）は，機器間の転送データ，コントローラからのアドレス信号などを，8ビットをパラレル，8ビット1単位すなわちバイトをシリアルで伝送する．データコードとしては ISO コード（ASCII コードと同じ）を使用するよう規定されている．データバイト伝送制御バス（3本）は，3線ハンドシェークと呼ばれる転送制御方法によって，データバスを通して情報を非同期で送るための制御線で，転送状態を監視して最も低速の機器の動作に合わせている．インタフェース管理バス（5本）は，個々の線が独自の役割をもち，インタフェースに関する情報を伝送する．

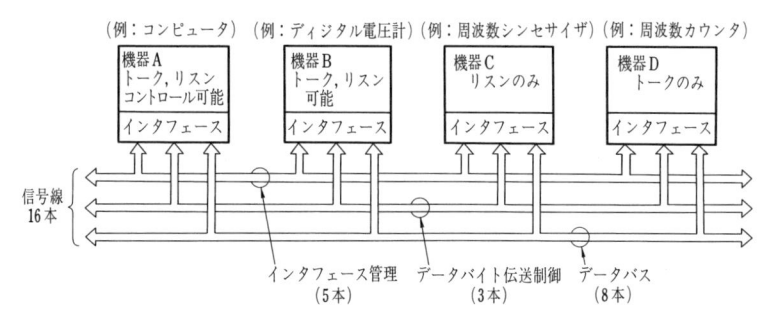

図 5.2 標準インタフェースバスの構造

IB 方式の電気的規格では，TTL レベルによる負論理形式を採用している．機械的規格すなわち接続コードに関しては，コードの両端のコネクタとしてピギーバック（背負う）コネクタと呼ばれるものが採用されている．このコネクタは，片側の面がオス，反対側の面がメスになっており，コネクタを重ねて挿入して信号線が並列接続できるような構造になっている．

次に，シリアル伝送方式の標準インタフェースとして使用されている

RS 232 C について述べる．このインタフェース方式は，もとはデータ通信システムにおけるモデム(変復調装置)と端末装置とのインタフェースの規格として CCITT(国際電信電話諮問委員会)が勧告したものを，米国の EIA(Electronic Industries Association)が RS 232 C として規格化したものである．計測システムにおいては，主としてプリンタ，プロッタなどの表示・記録装置へ一方通行的にデータを送るときのインタフェースとして使用されているが，RS 232 C とはいっても，元来の規格を簡略化したものなので，RS 232 C に準拠ということが多い．

RS 232 C について，計測器で適用している部分の概略をあげると，不平衡 2 線式伝送回路でビットシリアル，バイトシリアルで伝送し，伝送速度は 20 k ビット/s 以下，距離は 15 m 以下，論理は TTL レベルの負論理である．RS 232 C の規格では 25 ピンのコネクタを採用し，制御信号，管理信号なども伝送する方式となっているが，計測器では前述のように一部が利用されているだけなので，以上にとどめておく．

5.3 制御装置とデータ集録装置

5.3.1 制御装置の機能

IB 方式におけるコントローラとは，システムを構成する機器群を制御する機能のみをもち，データ集録，処理機能は含まないとの狭い定義で用いられるが，実際の制御装置では，単純な一連のデータ測定の場合を除き，ある程度のデータ処理機能をもたせて，制御能力を高めている．たとえば，ほぼ同一特性の測定対象について次々に測定していく場合は，一定手順の測定プログラムでよいが，測定対象の特性に相違があり，個々に応じてプログラムを変更する必要がある場合は，プログラムを決める能力をもつことが望ましい．また，測定が順調に進行しているか否かを監視し，異常なデータが生じたときに検出・報知する機能も重要である．従来の測定法では，このような作業は測定者が行うことになっているが，ディジタル計測法では測定プログラム中に含めて，制御

140   5. ディジタル計測法

```
                    ①制御プログラム入力
                    │ ②測定条件入力
                    │ │ ③動作開始命令,⑧動作停止命令
                    ↓ ↓ ↓
                  ┌─────────┐
                  │キーボード │←⑦データ読込み命令信号
                  │制御装置  │
                  └─────────┘←⑥データ判定
                    │         │
            ④制御信号│         │⑤制御信号
                    ↓         ↓
        ┌──────┐ ┌ ─ ─ ─ ┐ ┌──────┐ ┌──────┐
        │ディジタル│ │被測定 │ │ディジタル│ │データ  │→データ処理
        │計 測 器 │ │装 置  │ │計 測 器 │ │集録装置│ および表示
        └──────┘ └ ─ ─ ─ ┘ └──────┘ └──────┘
         (例：          (例：        (例：
         周波数シンセサイザ) ディジタル電圧計) 磁気テープ装置)
```

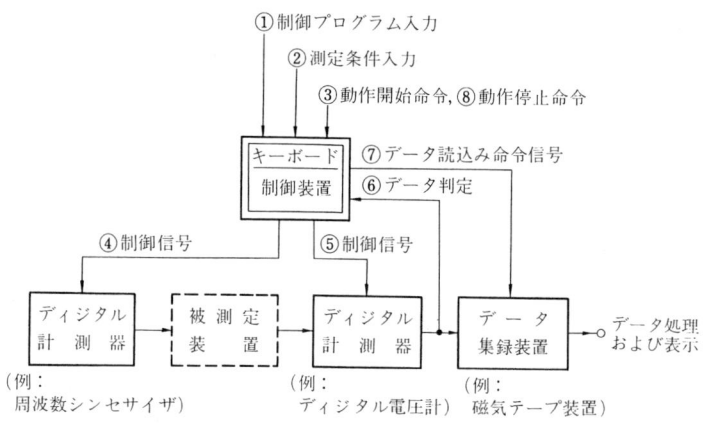

図 5.3 制御装置の機能

装置に行わせることができる．

それぞれの計測器を呼び出してハンドシェークを行わせるインタフェース機能を除くと，データ測定における制御装置の機能は**図 5.3**のように表せる．

図中の①〜⑧は進行順序である．それらの機能は，測定者からの情報受信，計測器への制御信号（コマンド）送信，あるいは，データ判定による計測管理のいずれかである．進行順に説明すると

① 制御プログラムの入力　　磁気ディスク，磁気テープなどに記録されている制御プログラムをそれらの読取り装置を介して，制御装置のキーボードからの読取り命令により読み込む．

② 測定条件の入力　　測定対象に適合する測定条件，たとえば，測定開始周波数，周波数変化量，データ数などをキーボードから入力する．測定対象の特性に応じて測定条件を決定するプログラムの場合は，測定対象の概略の特性を入力する．

③ 動作開始命令　　キーボードから動作開始命令が入力される．制御装置がタイマを内蔵しており，制御プログラムに時間スケジュールが含まれている場合は，自動的に測定を開始し，終了させることができる．

④，⑤　制御信号の伝送　　ディジタル計測器群を操作する信号（コマンド）

を発生し，操作順序に従ってそれぞれの計測器に伝送する．
⑥ データ判定　簡単なデータ処理によって測定の進行状態を監視し，異常なデータが検出されたときは進行停止，測定繰返しなどの処置をとる．測定データに応じて制御信号を測定する制御プログラムの場合は，その判定を行う．
⑦ データ読込み命令信号の伝送　データ集録装置にデータ読込みを命令する信号を発生し，測定データの出力タイミングに合わせて読込み命令信号を伝送する．以上の④～⑦はデータ測定期間中，繰り返し行われる．
⑧ 動作停止命令　データ測定終了後，システムの動作は自動的に停止するが，人為的に停止させる場合はキーボードから停止命令を入力する．

5.3.2　計測用コンピュータ

近年のマイクロコンピュータおよびインタフェース用 LSI の進歩によって，上記の制御装置の機能は容易に得られるようになっている．特に，パーソナルコンピュータ，デスクトップコンピュータなどと呼ばれる小形卓上コンピュータは，GP-IB インタフェースボードを挿入することによって簡便に計測用コンピュータとして利用でき，その普及は目覚ましいものがある．

計測用コンピュータの特長は

1) インタフェース機能　GP-IB，RS 232 C などのインタフェース機能をもち，システム化が容易である．
2) 入出力機能　本体に操作用およびデータ入力用キーボードと，簡単なディスプレイあるいはプリント表示部をもつ．
3) 磁気メモリ　プログラムの記憶・保存，データファイル用などのメモリとして，磁気カード，磁気テープ，磁気ディスクなどの装置が本体に内蔵されたり，あるいは周辺機器として準備されている．
4) ディスプレイ用および記録用周辺装置　キャラクタディスプレイ，グラフィックディスプレイ，ディジタルプリンタ，X-Y プロッタなどの周辺装置が準備されている．

5) 簡便さ　本体は比較的に小形・軽量で，かつ低価格なので，専用コンピュータとして使いやすい．

プログラム言語としては，技術計算に使用される BASIC を主体とし，インタフェース用，機器制御用などのステートメントを付加した拡張 BASIC を採用しているものが多い．

計測用コンピュータは，機種により相違はあるにしても，メモリ容量と演算速度から見て，データ処理機能は高くない．多量のデータの処理あるいは高度の演算を行う場合は，計測用ミニコンピュータを使用するか，さらには汎用コンピュータによる TSS 処理方式とする．

5.3.3　データ集録装置

ディジタル計測におけるデータ集録は，計測実行中に得られるデータの一時的な記録とデータ保存のための記録に大別でき，一時的記録には半導体メモリが使用され，データ保存には磁気メモリが主として使用される．半導体メモリは高速の書込みと読出しが可能だが，電源切断により記録が消滅する揮発性メモリである．一方，磁気メモリは動作が低速だが，電源を切っても記録が消滅しない不揮発性メモリである．

機能の高いディジタル計測器は一般に半導体メモリを内蔵しているが，内蔵メモリでは容量不足の場合または内蔵メモリをもたない計測器を使用する場合は，専用のデータ集録装置を使用する．半導体メモリに集録されたデータを保存して再利用したいときには，GP-IB によりコンピュータにデータを転送し，ハードディスクまたはフロッピーディスクに記録すればよい．

演習問題

5.1　10進4桁のデータを BCD 形式で 200 個ストアするために必要なメモリ容量(ビット)を求めよ．

5.2　ディジタル計測においては，利得，減衰量などの電圧伝達比は，dB 値で取

り扱うほうがよい．その理由を考えよ．

5.3 多数のデータを自動的に測定するディジタル計測システムにおいて，制御装置(コントローラ)は常に必要とは限らない．どのような場合に制御装置なしでよいか考えよ．

5.4 ディジタル信号の記録装置では，RS 232 C 準拠の 2 線式 BCD シリアル入力形式のものが少なくない．BCD パラレスとせず，シリアルとする理由を考えよ．

5.5 図5.1の計測システムを用いて，ある回路の周波数特性を測定するとき，次の2とおりのデータ集録方式の使い分け方を考えよ．
 (a) シンセサイザの設定周波数を，そのつど，電圧計出力と組み合わせてストアする．
 (b) 周波数設定値をそのつどストアせず，後に設定プログラムから算出する．

5.6 比較的になめらかに変化する一連のデータ群をメモリするとき，所要メモリ容量の節約方法を考えよ．

6. 高周波測定

6.1 分布定数回路測定

6.1.1 高周波伝送回路

　一般に信号源と負荷とを接続する回路を**伝送回路**(transmission circuit)または**伝送線路**(transmission line)といい，回路の長さに比べて信号の波長が十分に長い低周波では，伝送回路は集中定数回路として扱ってよいが，回路の長さが波長と同程度になると，分布定数回路として扱わなければならなくなる．周波数領域としては，おおよそ VHF 帯(30～300 MHz，波長 10～1 m)以上の領域が該当する．

　伝送回路には，同軸ケーブル，平衡形ケーブル，導波管，光ファイバケーブル，ストリップ線路，表面波線路などがあり，目的に応じて使い分けられる．計測用としては，同軸ケーブルが一般に使用されており，ほかにマイクロ波，ミリ波帯では導波管も用いられる．また，回路を電気的に完全に絶縁したい場合，あるいは誘導障害を極力さけたい場合に，光ファイバケーブルが使用されることもある．

　高周波では，信号源と負荷とを伝送回路で接続するときに，インピーダンスの整合を重視する．インピーダンスの不整合があると，入射電力が完全には負荷に与えられないだけでなく，反射電力と入射電力とが干渉して定在波を発生させ，負荷の特性を測定する際に誤差が生ずる．このことは逆に定在波または反射電力を測定して負荷インピーダンスを求めるのに利用できる．信号の波長よりも長い伝送回路の終端あるいは中間に被測定回路を接続して，特性測定を

行う方法は，主としてマイクロ波帯で発達したので，一般にマイクロ波測定とも呼んでいる．

以下，分布定数回路測定について述べる前に，その理解に必要な伝送回路理論の基礎について述べておく．

【伝送回路理論の基礎】

(**1**) **伝送線路の方程式と解**　同軸ケーブル，導波管などの伝送回路は，断面内に広がりをもつが，扱いを簡単にするため，断面内の変化は考えず，長さ方向(x方向)にのみ変化が生ずる一次元の線路として考える．

2導体からなる線路が，単位長当たり，導体の抵抗R，インダクタンスL，2導体間のコンダクタンスG，静電容量Cをもつとき，2導体間の電圧vと導体の電流iの関係は，伝送方向を$+x$方向とすると次式で表される．

$$\left. \begin{array}{l} -\dfrac{\partial v}{\partial x}=Ri+L\dfrac{\partial i}{\partial t} \\ -\dfrac{\partial i}{\partial x}=Gv+C\dfrac{\partial v}{\partial t} \end{array} \right\} \tag{6.1}$$

$v=Ve^{j\omega t}$, $i=Ie^{j\omega t}$と置けば，次式となる．

$$\left. \begin{array}{l} -\dfrac{dV}{dx}=(R+j\omega L)I\equiv ZI \\ -\dfrac{dI}{dx}=(G+j\omega C)V\equiv YV \end{array} \right\} \tag{6.2}$$

上式の解は次式となる．

$$\left. \begin{array}{l} V=Ae^{-\gamma x}+Be^{\gamma x} \\ I=\dfrac{1}{Z_0}(Ae^{-\gamma x}-Be^{\gamma x}) \end{array} \right\} \tag{6.3}$$

ここで，定数A, Bは入射波と反射波の大きさを表す定数で，境界条件で定まる．

また

$$\gamma=\sqrt{YZ}\equiv\alpha+j\beta,\ Z_0=\sqrt{\dfrac{Z}{Y}}\equiv R_0+jX_0 \tag{6.4}$$

であって，γを伝搬定数，αを減衰定数，βを位相定数，Z_0を特性インピーダンスという．測定用伝送線路では，$\omega L\gg R, \omega C\gg G$であり，線路長も波長の数倍程度なので，通常は無損失線路とみなしてよい．すなわち

$$\gamma=j\beta=j\omega\sqrt{LC},\ Z_0=\sqrt{\dfrac{L}{C}} \tag{6.5}$$

となる．

（2） 反射係数　伝送線路と負荷インピーダンス Z_L との接続点における入射波と反射波との比を**反射係数**（reflection coefficient）といい，$x=0$ を接続点の位置とすれば，反射係数 R は次式で表せる．

$$R = \frac{B}{A} = \frac{Z_L - Z_0}{Z_L + Z_0} = \frac{\tilde{Z}_L - 1}{\tilde{Z}_L + 1} \qquad (6.6)$$

$\tilde{Z}_L = Z_L/Z_0$ を規格化インピーダンスという．

任意の点 x で負荷側を見たインピーダンスは，式(6.3)，(6.6)から

$$Z = \frac{V}{I} = Z_0 \frac{1 + Re^{2\gamma x}}{1 - Re^{2\gamma x}} \qquad (6.7)$$

$$\tilde{Z} = \frac{Z}{Z_0} = \frac{1 + Re^{2\gamma x}}{1 - Re^{2\gamma x}} \qquad (6.8)$$

終端（$x=0$）の反射係数を $R(0)$，x における反射係数を $R(x)$ で表すと，その間には次式の関係がある．

$$R(x) = R(0) e^{2\gamma x} \qquad (6.9)$$

（3） 電圧定在波比　電圧 V の最大値と最小値との比を**電圧定在波比**（voltage standing wave ratio，略称 VSWR）といい，VSWR を ρ，V が最小となる点から終端までの電気長を d，波長を λ とすると

$$\rho = \frac{1 + |R(0)|}{1 - |R(0)|} \qquad (6.10)$$

$$\frac{2\pi d}{\lambda} = \frac{\pi - \varphi}{2} \quad (\text{ただし，} R(0) = |R(0)| e^{j\varphi} \text{ とする}) \qquad (6.11)$$

の関係がある．したがって，ρ と d とを測定すれば，反射係数 $R(0)$ が求まり，さらには負荷インピーダンス Z_L も求められる．

（4） スミス図表　Z_L と R との関係を求める方法として，**スミス図表**（Smith chart）が広く利用されている．スミス図表は，直角座標の $\tilde{Z}_L$ 面を R 面に変換する図表である．

$$\tilde{Z}_L = r + jx, \quad R = u + jv \qquad (6.12)$$

と置くと，式(6.6)から，次の関係が導かれる．

$$\left. \begin{array}{l} \left(u - \dfrac{r}{r+1}\right)^2 + v^2 = \dfrac{1}{(r+1)^2} \\[2mm] (u-1)^2 + \left(v - \dfrac{1}{x}\right)^2 = \dfrac{1}{x^2} \end{array} \right\} \qquad (6.13)$$

上式から，$\tilde{Z}_L$ 面で r が一定の直線群は，R 面では中心が $(r/(1+r), 0)$，半径が $1/(1+r)$ の円群になる．また，x が一定の直線群は，中心が $(1, 1/x)$ または $(1, -1/x)$，半径が $1/|x|$ の円群になる．この変換の対応関係すなわちスミス図表の原理を図 **6.1**

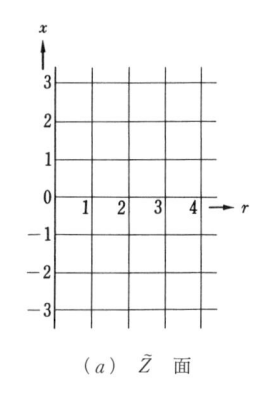

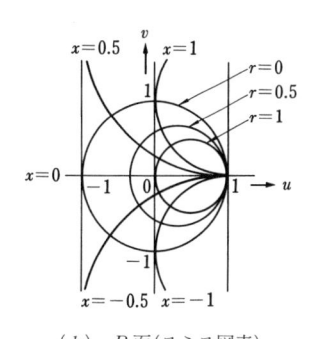

(a) $\tilde{Z}$ 面   (b) R 面(スミス図表)

図 **6.1** スミス図表の原理

に示す．

無損失伝送線路では，式(6.5), (6.9)から
$$R(0)=R(d)e^{j2\beta d} \tag{6.14}$$
の関係がある．ただし，$x=-d$ と置いてあり，また，$\beta=2\pi/\lambda$ である．式(6.14)の関係を用い，ρ と d から $\tilde{Z}$ を次の手順で図式に求められる．電圧が最小になる点では電圧と電流とは同相となるから，$\tilde{Z}(d)=r(d)=\rho$ になる．したがって，スミス図表の (r,x) の目盛で $(\rho,0)$ の点が $R(d)$ となる．式(6.14)から，$R(d)$ を $2\beta d$ だけ反時計方向へ回転した点が $R(0)$ になるから，その点の r と x とを読み取って，$\tilde{Z}_L$ が得られる．スミス図表の外周には，d/λ で回転角が目盛ってあるので，波長が既知であれば直ちに回転角が定められる．

なお，スミス図表には，特性インピーダンスを $50\,\Omega$ あるいは $75\,\Omega$ として，Z を直接に目盛ったものもある(実際のスミス図表は，付録2参照)．

（5） **S 行 列**　以上で述べたことは，伝送回路に終端インピーダンスを接続したときの取扱いに関してであるが，入出力端子を持つ伝送回路の特性の表示には，行列表現が一般に使用されている．

伝送回路上に**図 6.2**のように二つの基準位置(基準面または参照面という)をとり，その間の部分の特性表現を考える．

ケーブルのような線路上で基準位置をとれば，2端子対回路となるが，導波管のような立体回路まで含めて取り扱うので，2開口回路という．それぞれの開口において，回路に向かう波の振幅を a_1, a_2 とし，回路から出ていく波の振幅を b_1, b_2 とする．それらの間の関係を次式で表す．

図 6.2 2開口回路

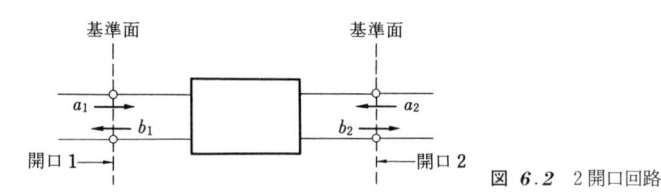

$$\begin{bmatrix} b_1 \\ b_2 \end{bmatrix} = \begin{bmatrix} S_{11} & S_{12} \\ S_{21} & S_{22} \end{bmatrix} \begin{bmatrix} a_1 \\ a_2 \end{bmatrix} \tag{6.15}$$

S_{ij} を要素とする行列を**散乱行列**(scattering matrix)または **S 行列**という.
一般に,n 開口回路であれば

$$b_i = \sum_{j=1}^{n} S_{ij} a_j \tag{6.16}$$

で表される.回路中に非可逆媒質が含まれていない場合は $S_{ij}=S_{ji}$ となり,S 行列は対称行列になる.また,回路が無損失であれば,S 行列はユニタリー行列になる.開口 2 が整合されているとき,開口 1 の入射波と反射波の比が S_{11} であり,開口 1 の入射波と開口 2 を出ていく透過波の比が S_{21} である.それゆえ,S_{11},S_{22} を反射係数,S_{21},S_{12} を透過係数という.

S 行列の特徴の一つは,無損失伝送回路上において基準位置を変えたとき,先に反射係数について述べたように,S_{ij} の大きさは変わらずに位相のみが変化することである.たとえば,開口 1 の基準面を信号源側に電気長 l だけ移動すると,新たな S 行列 $[S']$ は

$$[S'] = \begin{bmatrix} S_{11} e^{-2\beta l} & S_{12} e^{-\beta l} \\ S_{21} e^{-\beta l} & S_{22} \end{bmatrix} \tag{6.17}$$

となる.したがって,無損失伝送回路の中間に接続された被測定回路の特性を求めるのに便利である.

6.1.2 定在波測定

高周波インピーダンスの測定方法として,無損失伝送回路の終端に被測定物を接続し,伝送回路上の定在波の分布を測定してインピーダンスを求める方法が古くから使用されている.そのような計測システムの構成は,同軸システムと導波管システムに大別される.

同軸システムは,計測器自体においては主として中空同軸管を使用し,計測

器の相互接続には同軸ケーブルを用いてシステムを構成する．その長所は，1) VHF(30〜300 MHz)，UHF(0.3〜3 GHz)，SHF(3〜30 GHz)にわたる広い周波数範囲に適用できること，2) VHF, UHF帯では導波管では断面の寸法が大きくなりすぎるが，同軸の断面は細くてよいこと，3) 相互接続にたわみ性のケーブルを使用するのでシステム化が容易なこと，などである．

一方，短所は，1) 計測システムの接続部の残留VSWRが大きいこと，2) 伝送線路の伝送損が大きいこと，3) したがって，測定確度が導波管システムより劣ること，などである．

導波管システムでは，主として方形導波管でシステムを構成する．一部に同軸ケーブルを使用し，同軸管-導波管の変換アダプタによって接続することもあるが，SHF帯の上限近くからミリ波帯に至る領域では，通常はすべて導波管で構成している．同軸ケーブルに比べて伝送損がほぼ1/10であり，伝送電力も大きくできる利点はあるが，周波数に応じて，寸法の異なる導波管を使い分けなければならない不便さがある．

定在波の測定システムを図6.3に示す．**スロッテッドライン**(slotted line, 溝付線路)とも呼ばれる**定在波測定器**は，中空同軸管あるいは導波管の長さ方向に溝を切ったもので，溝に検波器の先端を挿入し，長さ方向に移動して電圧定在波の分布を測定する装置である．増幅を容易に行い，かつ雑音の影響を減少するため，高周波信号を低周波で変調しておく．2乗検波特性をもつダイオード検波器の出力から，その低周波成分を定在波計で測定する．定在波計は電圧最大値と最小値との比またはそのdB値をメータ指示する．同軸形定在波測定器の場合は適合するコネクタの短絡素子で，また導波管形の場合は短絡板で

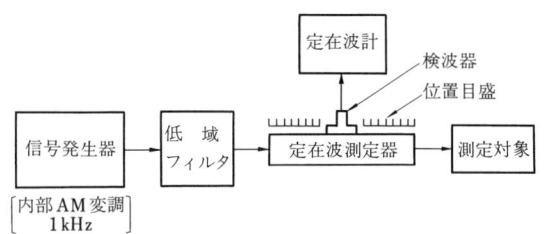

図 **6.3** 定在波の測定システム

それぞれ終端を短絡すると，入射波と反射波とは同一振幅になって正弦状の定在波が得られるので，その分布を測定して信号検出系の校正を行うことができ，また，電圧が零の位置から終端の基準面の相対位置を決定できる．

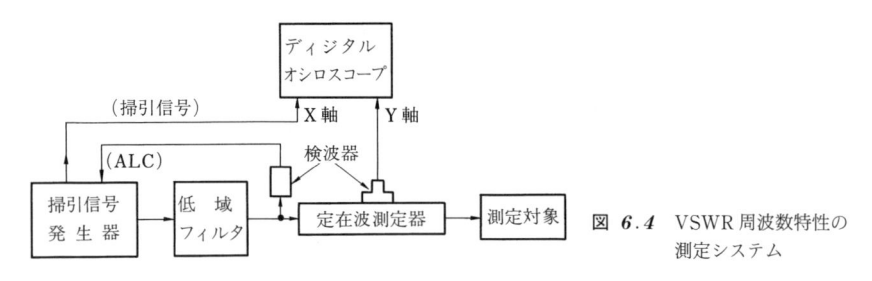

上述の方法でVSWRの周波数特性を求めるには，周波数を1点ずつ測定しなければならず，手数がかかる．VSWRの周波数特性を直視できる測定システムの構成を図 6.4 に示す．図で，定在波測定器の入端の振幅は，自動レベル制御(ALC)ループによって一定に保たれる．周波数掃引を行いながら，定在波測定器の検波器の位置を，掃引下限周波数の半波長以上に相当する距離だけ手動で移動すると，ディジタルオシロスコープ上には，周波数を X 軸とする変調波のような像が蓄積・表示され，像の Y 軸方向の幅を dB で読み取ったものが，それぞれの X 軸周波数における VSWR の dB 値になる．

図 6.4 VSWR周波数特性の測定システム

ただし，インピーダンス整合の良好さを見る場合などには便利であるが，位相に関してはそれぞれの周波数における電圧最小点の位置を1点ずつ定在波測定器の目盛から読まなければならない．

6.1.3 反射係数測定

反射係数 R を複素量として測定する方法は次項の S パラメータ測定に含めることとし，本項では，$|R|$＝(反射波振幅/入射波振幅)の測定方法について述べる．

$|R|$ の周波数特性の測定システムを図 6.5 に示す．入射波と反射波の振幅検出には**方向性結合器**(directional coupler)を使用する．方向性結合器は，主伝送回路と副伝送回路とを粗に結合させた4開口受動回路で，入射波と反射波の

一部を分岐して取り出す構造をもつ．分岐する比を結合減衰量といい，ふつう 20 dB（電力比で 1/100）程度である．また，入射波の分岐出力が反射波の分岐出力側に漏れる比率を方向性といい，40 dB 程度である．

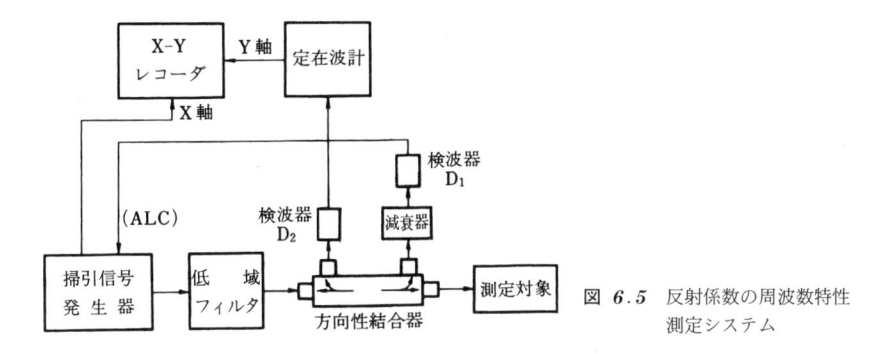

図 6.5 反射係数の周波数特性測定システム

図において，入射波の振幅は検波器 D_1 で検出され，常に一定レベルを保つように自動レベル制御がかけられている．反射波の振幅は検波器 D_2 で検出され，定在波計で dB スケールに変換されて X-Y レコーダにより $|R|$ の特性が描かれる．方向性結合器の主伝送回路出力側を短絡し，入射波と反射波の振幅を同じにすれば，$|R|=1$ すなわち 0 dB レベルを校正できる．入射波レベル検出回路の減衰器は，$|R|$ が小さい場合に二つの検波器の入力レベルを近づけて，検波器特性による誤差を減らすために挿入してある．

なお，方向性結合器には，1 方向への伝送電力のみを分岐する 3 開口形もあり，伝送回路を通って負荷に与えられる電力の測定に広く用いられている．

6.1.4 S パラメータ測定

2 開口回路の特性測定は，散乱行列の要素すなわち S パラメータを測定することが多い．

2 端子対回路の特性は，Z 行列，Y 行列，F 行列などで扱うことが多いが，それらの要素は一方の端子対を開放または短絡して測定するのに対し，S パラメータは一方の開口を整合して測定するので，伝送回路の特性測定に適している．

2開口回路において，回路に向かう波の振幅を a_1, a_2 とし，回路を出ていく波の振幅を b_1, b_2 とすれば，それらの関係は S 行列を用いて次式で表される．

$$\begin{bmatrix} b_1 \\ b_2 \end{bmatrix} = \begin{bmatrix} S_{11} & S_{12} \\ S_{21} & S_{22} \end{bmatrix} \begin{bmatrix} a_1 \\ a_2 \end{bmatrix} \tag{6.18}$$

したがって，それぞれの要素は

$$\left. \begin{aligned} S_{11} = \left(\frac{b_1}{a_1}\right)_{a_2=0}, \quad S_{12} = \left(\frac{b_1}{a_2}\right)_{a_1=0} \\ S_{21} = \left(\frac{b_2}{a_1}\right)_{a_2=0}, \quad S_{22} = \left(\frac{b_2}{a_2}\right)_{a_1=0} \end{aligned} \right\} \tag{6.19}$$

となる．すなわち

　　　S_{11}：出力側整合時の入力側反射係数

　　　S_{21}：出力側整合時の順方向透過係数

　　　S_{12}：入力側整合時の逆方向透過係数

　　　S_{22}：入力側整合時の出力側反射係数

である．

　S パラメータの測定システムを図 6.6 に示す．被測定回路の入力側と出力側とにそれぞれ方向性結合器を接続し，四つの波の成分 a_1, a_2, b_1, b_2 を得ている．$a_2=0$ であることを確認のうえ，a_1 と b_1 の振幅比と位相差を測定すれば S_{11} が得られ，同様に a_1 と b_2 とから S_{21} が得られる．被測定回路の入力と出力とを入れ換えて同様の測定を行えば，S_{22} と S_{12} とが得られる．

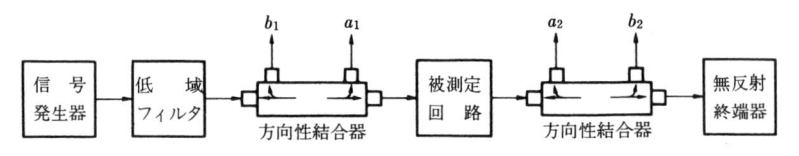

図 6.6　S パラメータの測定システム(検出部は図 6.7 参照)

　ただし，位相については，方向性結合器の各成分出力端と被測定回路の基準面との間の電気長を補正する必要がある．

　2信号の振幅比と位相差の検出回路を図 6.7 に示す．電気長調整器および

図 6.7 高周波2信号の振幅比と位相差の検出回路

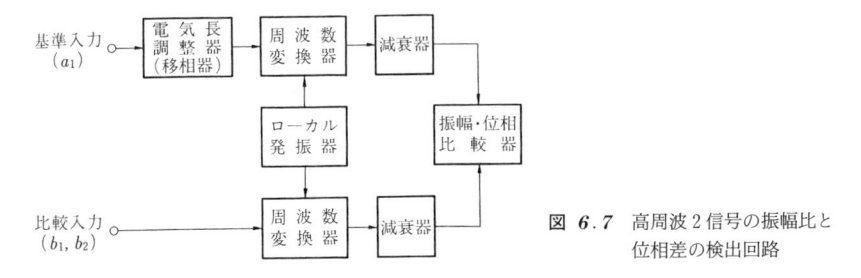

減衰器によって，2信号の振幅と位相が同一になるように調整する．比較を容易にするため，周波数変換によって高周波を中間周波に変換している．

Sパラメータの測定システムは，個々の機器を相互接続して構成できるが，接続の切換部を含めて全体を1システムとして取扱いを容易にした測定装置が製品化されており，マイクロ波システムアナライザあるいはマイクロ波ネットワークアナライザと呼ばれている．アナライザは，Sパラメータの絶対値と位相の周波数特性を，横軸が周波数の表示またはスミス図表表示でCRTにディスプレイすることができる．

6.2 雑音測定

6.2.1 雑音測定とは

情報の伝送・検出においては，目的とする信号以外に，伝送・検出を妨害する不要な信号が混入するが，これを**雑音**あるいは**ノイズ**(noise)という．他の通信信号が混入する場合を除き，雑音は一般に不規則な波形で幅広い周波数スペクトルをもつ．電力の周波数分布すなわちパワースペクトルが一様な雑音を**白色雑音**または**ホワイトノイズ**(white noise)という．

雑音に関する測定は，1)電子装置の内部で発生する雑音(内部雑音)の測定，2)電子装置へ外部から到来する雑音(外来雑音)の測定，3)通信回線内で発生する雑音(回線雑音)の測定，および4)信号として雑音を用いる電子装置の特性測定，などに大別できる．

1)の内部雑音の測定は，微弱信号の受信装置の性能評価として重要であっ

て，次項であらためて述べる．2)の外来雑音の測定は，信号の受信点における雑音の環境を評価するために行うもので，最近発展している環境電磁工学の分野で扱われている．これについては章末で簡単に述べる．3)の回線雑音の測定は，主として多重電話回線内で発生する雑音レベルの評価を目的とし，雑音レベル測定器による受信点の雑音レベルの測定，あるいは雑音送信装置と受信装置による雑音伝送特性の測定などが実際に行われているが，特殊なので省略する．

雑音に関する測定の4)は，回路の周波数特性の測定用信号源として，ホワイトノイズを用いる測定である．2端子対回路の周波数特性の測定には，通常は正弦波信号を用いるが，均一な周波数スペクトルをもつホワイトノイズを入力信号とすると，出力信号の周波数スペクトルが直ちに回路の特性を表す．信号源として次項で述べる雑音発生器を使用し，出力をスペクトラムアナライザで表示させて，特性が直視できる．しかし，ホワイトノイズは均一の分布をもつとはいっても，時間的な揺らぎがあるので，測定確度は正弦波掃引信号発生器を用いる方法よりも劣り，それゆえ通常の測定にはほとんど用いられない．例外的な場合として，重ね合せが成立しないような非線形性が大きい回路について，多周波の入出力特性を調べるために用いられることがある．

6.2.2 雑音指数の測定

電子装置の内部雑音は，低雑音増幅器，低雑音受信機などの微弱信号検出装置において特に問題となる．

増幅器の雑音に関する性能は，一般に**雑音指数**(noise figure)によって評価される．雑音指数の測定法を述べる前に，増幅器の雑音に関する基礎的な事項を説明しておく．

【増幅器の雑音】
増幅回路の内部で発生する雑音には，次の2種類がある．

(**1**) **熱雑音**(thermal noise)　回路内の抵抗素子から発生する雑音であって，抵抗体中の自由電子の熱運動によって生ずるホワイトノイズである．絶対温度 T，抵

抗値 R の抵抗素子の両端には，次式の2乗平均電圧が発生する．

$$\overline{v_n^2} = 4kTBR \quad [\text{V}^2] \tag{6.20}$$

ここで，k はボルツマン定数(1.3805×10^{-23} J/K)，B は周波数帯域幅である．抵抗素子から取り出しうる最大雑音電力，すなわち有能雑音電力 N は

$$N = \frac{\overline{v_n^2}}{4R} = kTB \tag{6.21}$$

であり，抵抗値には無関係である．

(2) 散乱雑音(shot noise)　半導体素子あるいは電子管では，電流がキャリヤによって不規則に流れるために雑音を生じ，これを散乱雑音またはショットノイズという．直流電流 I の中には，次式の2乗平均雑音電流が含まれる．

$$\overline{i_n^2} = 2eIB \tag{6.22}$$

ここで，e は電子の電荷(1.602×10^{-19} C)である．上式が成立するのは，温度で制限された二極管の飽和電流のように空間電荷が存在しない場合であって，空間電荷があると雑音電流は上式より小さくなる．

以上の雑音のほかに，半導体で発生し，低周波において周波数に反比例するスペクトルをもつ，いわゆる $1/f$ 雑音が問題になることもある．

回路中では上述のような雑音が必ず発生するので，信号には常に雑音が混入している．ある出力端における有能信号電力 S と有能雑音電力 N との比 (S/N) を**信号対雑音比**(signal to noise ratio，SN比)といい，通常，dBで表す．信号が増幅器を通過すると，増幅器の内部雑音が混入するため，入力端における S/N に比べ，出力端における S/N は必ず低下する．増幅器の雑音に関する性能の評価には，入出力端における S/N の比が用いられ，これを雑音指数という．すなわち，雑音指数 F は次式で定義される．

$$F = \frac{S_1/N_1}{S_2/N_2} \tag{6.23}$$

ただし，S_1：入力端の有能信号電力，　N_1：入力端の有能雑音電力
　　　　S_2：出力端の有能信号電力，　N_2：出力端の有能雑音電力

増幅器の内部で雑音が発生しないときは F は1になるが，雑音は必ず発生するから，F は常に1より大きい．

信号の利得 $G(=S_2/S_1)$ を，増幅器の**有能利得**(available power gain)という．式 (6.23) に G を代入すると

$$F = \frac{N_2}{GN_1} \tag{6.24}$$

上式から，出力端の有能雑音出力 N_2 は

$$N_2 = FGN_1$$
$$= GN_1 + (F-1)GN_1 \tag{6.25}$$

上式の第1項は入力雑音による出力であり，第2項は内部雑音による出力である．したがって，$(F-1)N_1$ は入力に換算した内部雑音である．

次に，図 6.8 に示すように，2台の増幅器を縦続接続したときの全体の雑音指数を考える．

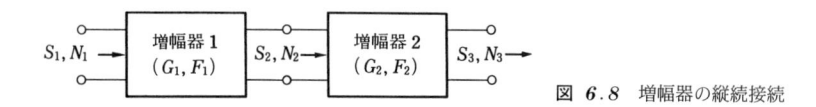

```
 S_1, N_1 →[ 増幅器 1  ]→ S_2, N_2 →[ 増幅器 2  ]→ S_3, N_3
           ( G_1, F_1 )              ( G_2, F_2 )
```

図 6.8 増幅器の縦続接続

式(6.25)から
$$N_2 = G_1 N_1 + (F_1 - 1) G_1 N_1 \tag{6.26}$$
$$N_3 = G_2 N_2 + (F_2 - 1) G_2 N_2 \tag{6.27}$$

式(6.27)に式(6.26)を代入して次式を得る．
$$N_3 = G_1 G_2 N_1 + (F_1 - 1) G_1 N_2 N_1 + (F_2 - 1) G_2 N_1 \tag{6.28}$$

全体の雑音指数は，式(6.24)から
$$F = \frac{N_3}{G_1 G_2 N_1} = 1 + (F_1 - 1) + \frac{F_2 - 1}{G_1} \tag{6.29}$$

上式から，当然のことながら，入力端に近い増幅器で発生する雑音の影響が大きいことがわかる．

(a) Y 係 数 法　雑音指数の測定には，一般に**雑音発生器**(noise generator)が使用される．雑音発生器は，電源オフのときには室温 T_1 における有能雑音電力 kT_1B を出力し，電源オンのときには等価雑音温度 T_2 の有能雑音電力 kT_2B を出力する．その差
$$N_E = k(T_2 - T_1)B \tag{6.30}$$

を**過剰雑音**(excess noise)という．また，$(T_2 - T_1)/T_1$ を**過剰雑音比**(excess noise ratio)といい，通常 dB 値で表す．

図 6.9 のような構成で，雑音発生器の電源オフのときとオンのときの被測定回路の雑音出力を測定し，それぞれ N_1, N_2 であったとする．

その比 N_2/N_1 を Y 係数(Y-factor)といい，その測定で雑音指数を求める方法を Y 係数法という．N_1 と N_2 は

6.2 雑音測定

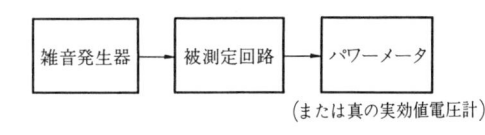

図 6.9 Y 係数法による雑音指数の測定方法

$$N_1 = GkT_1B + (F-1)GkT_1B \quad (6.31)$$

$$\begin{aligned} N_2 &= GkT_2B + (F-1)GkT_1B \\ &= GkT_1B + (F-1)GkT_1B + Gk(T_2-T_1)B \end{aligned} \quad (6.32)$$

式 (6.31), (6.32) から, N_2/N_1 は

$$\frac{N_2}{N_1} = \frac{FT_1 + (T_2-T_1)}{FT_1} \quad (6.33)$$

上式から, 雑音指数 F は次式となる.

$$F = \left(\frac{T_2}{T_1} - 1\right) \Big/ \left(\frac{N_2}{N_1} - 1\right) \quad (6.34)$$

F を dB で表すと

$$F_{dB} = 10\log\left(\frac{T_2}{T_1} - 1\right) - 10\log\left(\frac{N_2}{N_1} - 1\right) \quad (6.35)$$

上式の第1項は過剰雑音比で, 雑音発生器の規格で与えられている. したがって, 第2項の測定, すなわち N_2/N_1 の測定で F が求まる.

Y 係数法による測定で注意すべき点は, 雑音出力測定にはパワーメータまたは真の実効値電圧計を使用しなければならない点であって, 実効値目盛をもっていても原理が実効値検出形でなければ使用できない. 雑音発生器としては, 500 MHz 程度までの周波数範囲では, 温度制限された状態で使用する雑音発生用二極管(ノイズダイオード)を雑音源とし, 過剰雑音比 6 dB 程度のものが用いられる. また, 500 MHz 程度から 20 GHz 近くまでの周波数範囲では, ガス放電管を雑音源とし, それを導波管または同軸管に結合させた構造をもち, 過剰雑音比 15～16 dB のものが用いられる. 過剰雑音比は, ふつう $T_1 = 290(17℃)$ として与えてある.

マイクロ波通信装置あるいはレーダ装置など, マイクロ波帯における低雑音装置の雑音指数測定には, **雑音指数計**(noise figure meter)が使用される. 雑

音指数計は，雑音発生器の直流電源を供給して，そのオン・オフの制御を行うとともに，被測定装置の中間周波出力からY係数を測定し，雑音指数をメータ指示する測定器である．

（b）2倍電力法　雑音指数を直接的に測定する方法として，図 6.10 の構成の2倍電力法がある．

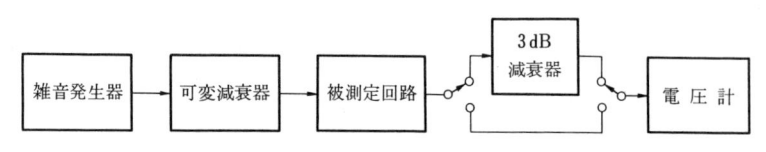

図 6.10　2倍電力法による雑音指数の測定方法

測定手順は，まず雑音発生器の電源をオフ，可変減衰器の減衰量を零とし，3dB減衰器を挿入しない状態で電圧計の指示を読む．次に雑音発生器の電源をオン，3dB減衰器を挿入した状態とし，電圧計の指示が前と同じになるように可変減衰器を調整すれば，$N_2=2N_1$，すなわち雑音出力は2倍になる．可変減衰器の減衰量を A [dB] とすれば，雑音指数は

$$F_{\mathrm{dB}}=10\log\left(\frac{T_2}{T_1}-1\right)-A \qquad (6.36)$$

すなわち過剰雑音比から A を引いた値になる．

この方法は，Y係数法の回路に二つの減衰器を追加する必要があるが，電圧計による誤差が原理的に除去でき，したがってパワーメータまたは真の実効値形以外の電圧計でもよいこと，および雑音指数が dB 値の引き算で求まることなどの利点がある．

（c）SG法　雑音発生器を用いずに雑音指数を測定する方法として，図 6.9 の雑音発生器を標準信号発生器に置き換えた SG 法がある．

測定手順としては，まず SG の電源オフの状態で雑音出力 N_1 を求め，次に電源をオンにして出力指示最大となるように SG の周波数を調整し，かつ $N_2=2N_1$ となるように SG の出力レベルを調整する．SG の出力レベルが V_s，出力抵抗が R_s であれば，N_1, N_2 は

$$N_1 = GkTB + (F-1)GkTB \tag{6.37}$$

$$N_2 = GkTB + G\frac{V_s^2}{4R_s} + (F-1)GkTB \tag{6.38}$$

$N_2 = 2N_1$ であるから，F は次式となる．

$$F = \frac{V_s^2}{4kTBR_s} \tag{6.39}$$

帯域帯 B としては，被測定回路の周波数特性の 3 dB 幅をとる．この方法は，雑音指数が比較的に大きく，かつ正確さをそれほど必要としない場合に，簡便な測定方法として用いられる．

6.2.3 外来雑音の測定

外来雑音は，主に放電によるもので，人工的な設備・装置，たとえば自動車の点火装置，電気機器などから発生する人工雑音と，雷のような自然現象による自然雑音とに分けられ，都市部では人工雑音が主である．雑音の発生源によって，雑音の強度，周波数スペクトルなど，雑音の性質が大きく相違し，雑音の測定方法は，測定位置の環境と目的に応じて選択される．

代表的な測定方法について簡単に述べると，まず雑音の周波数スペクトルの測定には，スペクトラムアナライザが一般に使用される．スペクトラムアナライザは高感度なので，アンテナの受信信号中の雑音スペクトルをも直視でき，かつ観測周波数範囲が，きわめて広い範囲から特定周波数近傍の狭い範囲に至るまで調整できる利点がある．ただし，周波数掃引を行うので，時間的に断続あるいは急変する雑音の場合は観測が困難なことがある．

特定の周波数の電波の受信に妨害を与える雑音の測定には，電界強度測定器が使用される．電界強度測定器は，移動用として小形であるとともに電池を電源に使用でき，また，指向性をもつアンテナが付属しているので，受信位置による雑音レベルの変化，さらには雑音発生源の探知に適用できる．なお，出力をレコーダに記録することによって，特定の周波数の雑音の時間的変化を調べることもできる．

160   6. 高周波測定

演習問題 ────────

6.1 同軸ケーブルの誘電体の比誘電率を $\varepsilon=2.20$ とする。100 MHz における 1 波長の長さを求めよ。

6.2 標準信号発生器を使用するとき，図問 **6.1** のように同軸コード先端の開放出力電圧を利用することが多いが，コードの電気長 l が波長 λ に比べて無視できなくなると，入端の電圧 V_1 と先端の電圧 V_2 が等しいとは見なせなくなる。$l=\lambda/20$ における $|V_2/V_1|$ を求めよ。また，$l=\lambda/10$ ではどうか。

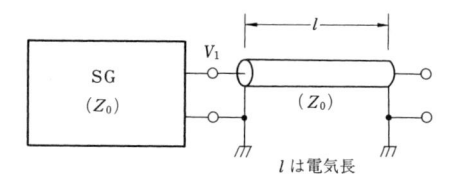

図問 **6.1** 同軸コード長の影響
(l は電気長)

6.3 定在波測定システムにおいて，定在波測定器の終端を短絡状態とすれば検出系が校正できることを説明せよ。

6.4 図 6.7 の VSWR の周波数特性測定において
　(a) ストレージオシロスコープの像が変調波のような波形になる理由を考えよ。
　(b) Y 軸方向の幅 [dB] が VSWR による理由を述べよ。

6.5 順方向の透過係数 $|S_{21}|$ の周波数特性の自動測定システムを描け。

6.6 雑音指数測定の Y 係数法と 2 倍電力法について
　(a) 雑音発生器の過剰雑音比が与えられたとき，それぞれの方法の雑音指数測定範囲を考えよ。
　(b) 雑音指数が小さいときは，どちらの方法が有利になるか。

7. 光計測法

7.1 光計測の概要

7.1.1 光計測技術の進展

　光学計測技術は電子計測技術より古く，19世紀後半から発達してきた．光を被測定物体に当てたときに表面で反射されて戻ってきた反射光，あるいは透明な被測定物体の透過光は，被測定物体の状態が変化すると光の状態も変化する．したがって，光の変化を検出すれば物体の変化が検出できる．このような技術を**光波センシング**(light-wave sensing)と呼んでいる．

　光の変化として代表的なものが光路の長さの変化であり，光路長の変化は干渉で検出できる．すなわち基準となる光と重ね合わせて合成光の強度を検出すると，二つの光が同位相のときに合成光の強度が極大になり，逆位相のときに極小になるから，物体の変化により生じる極大の繰返し回数を計数すれば，光路長の変化が測定できることになる．光の波長はきわめて短いので，極微少の変位(位置の変化)が検出できる．この原理を適用して，物体の長さの変化，振動振幅，表面の変形状態などが非接触で測定できる．

　近年に光波センシング技術が飛躍的に発展した理由は次の三つの進歩による．それらは，レーザの出現，光ファイバの出現，およびエレクトロニクス技術の発達である．干渉させる二つの光は，同一波長で位相差が一定でなければならないので，以前は水銀ランプ，ナトリウムランプ，キセノンランプなどの単色光源が使用されていたが，レーザの出現によって光質が飛躍的に向上した．また，以前の測定システムではすべての箇所で光は空間を直進する方式で

あったので，光の経路を調整するためには平面鏡を使用し，光を分波したり合成するためには半透明鏡を使用していたが，光ファイバとその応用デバイスの光分波・合波器などの出現により，光の経路を自由に設定できるようになり，測定システムの小形化が可能になるとともに，組立と調整も容易になっている．また，エレクトロニクス技術の発達により，光信号を電気信号に変換して電気信号から情報を抽出する信号処理技術が向上し，測定の大幅な自動化も可能になっている．

一方，近年の光通信技術の発展に対応して，光デバイス，光回路，光線路などの特性を評価するための測定装置が次々と開発されている．そのような測定装置による測定技術も重要になっている．

7.1.2 レーザ

レーザ(LASER; light amplification by stimulated emission of radiation の略)は，励起した原子・分子のエネルギー準位の還移による光エネルギーの誘導放出を発生させて光増幅を行う原理をいうが，現在では光の反復反射と増幅による光の発振器をレーザと呼んでいる．レーザ光の特長は，(1) 単色性(周波数スペクトルの幅が非常に狭いこと)，(2) 可干渉性(コヒーレンシーともいう．光の位相がよくそろっているので，空間的あるいは時間的に相違がある二つの光がよく干渉すること)，(3) 指向性(光のビームが遠くに行っても広がらないこと)の三つであって，それぞれの特長が計測に活用されている．

レーザ装置の原理を図 7.1 に示す．誘導放出をを行うレーザ媒質の両端に，光共振器として1対の反射鏡を配置し，反復反射される光が原子または分子に

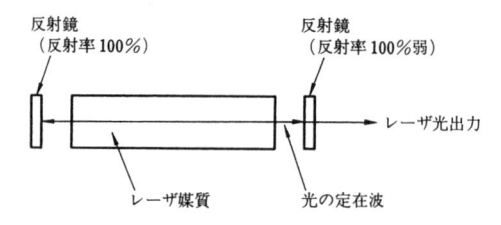

図 7.1 レーザ装置の原理的構成

対して誘導放出を起こさせることによって，レーザ光を発振させる方式である．レーザ媒質には数多くの物質があり，大別して気体レーザ，液体レーザ，固体レーザ，半導体レーザなどと呼んでいる．レーザ媒質の励起には，直流放電，高周波放電，光照射など媒質に応じていろいろな方法が用いられる．

図は気体レーザであり，図のように外側に反射鏡を配置する構成を外部ミラー形といい，レーザ管の両端の内側に反射面をもつ構造を内部ミラー形という．固体レーザと半導体レーザでは媒質の両端を反射面にしている．なお，1対の反射鏡の間隔が長いものほど光共振器としての共振特性が鋭くなるので光質がよくなるが，装置が大形になるのはやむをえない．

光計測の光源としては，ヘリウムとネオンの混合ガスをレーザ媒質とする内部ミラー形 He-Ne レーザがもっともよく用いられる．その理由は，発振波長が $0.6328\,\mu m$ の赤色可視光なので光路を直視できて調整しやすいこと，すぐれた可干渉性をもつ安定な連続出力($1\sim10\,mW$ 程度)が得られること，ミラーが無調整でよいので取扱いが簡単であること，などである．

7.1.3 光ファイバと光デバイス

(a) 光ファイバ　光通信の発展に貢献している**光ファイバ**(optical fiber)は，図7.2に示すような断面構造の直径 $0.125\,mm$ の細い石英ガラスの線で，わずかに屈折率が高いコアと呼ぶ中心部分と，クラッドと呼ぶ外側部分で構成されている．さらにその外側は，保護と取扱いやすさのためにジャケットと呼ぶプラスチック膜で覆われている．コア中に入射した光はコアとクラッドの境界で全反射され，コア中に閉じ込められて無損失に近い状態で伝搬す

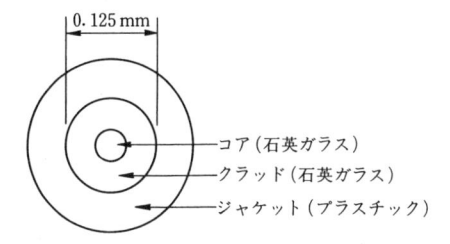

図 7.2　光ファイバの断面構造

る．光通信用に開発されたこのような光ファイバは，光計測用にも広く用いられている．

　光ファイバの種類はコアの構造で分けられる．コアの直径が 50 μm のものと数 μm のものに大別され，前者は光がいろいろな形態で伝搬するので多モード光ファイバと呼び，後者は一つの形態で伝搬するので単一モード光ファイバと呼んでいる．

　多モード光ファイバには，コア内の屈折率が一定のステップ形と屈折率がコア中心に向かって高くなるグレーデッド形がある．多モード光ファイバはコア径が大きいので外部から光を入れやすく，ファイバの接続も容易であり，計測システムが構成しやすいが，光の乱れによる干渉性の低下が大きい．

　一方，単一モード光ファイバは干渉性の低下は小さいが，コア径が小さいために光が入りにくく，調整に手数がかかる．なお単一モード光ファイバには，特殊な構造にして偏波面が乱れないような偏波保存光ファイバがあり，偏光を利用する光計測や干渉計測で干渉を良くしたい場合に使用される．

　(*b*) レ　ン　ズ　　レーザ装置から出るレーザ光は，ビーム光はビーム径が 1 mm 程度なので，レンズによりビームを絞って光ファイバに入射する必要がある．また，光ファイバから出た光も，ビームを絞って被測定物あるいは光検出器に当てる必要がある．

　そのような用途に適した光ファイバレンズとして，円柱形ガラスの屈折率分布の変化により従来の凸レンズと同じ働きをするレンズがある．マイクロレンズとも呼ばれる円柱形レンズは，直径が 1〜2 mm，長さが数 mm ときわめて小形であるが，凸レンズに比べるとはるかに扱いやすい．

　(*c*) 光分波・合波器　　光干渉計測では一つのレーザ装置の出力光を二分し，一方を被測定物に照射して信号光にし，もう一方を基準光にする．信号光と基準光は再び重ね合わされてその振幅が検出される．したがって光分波・合波器が必要になる．光ファイバを加工した光分波・合波器は光カップラとも呼ばれており，2 本の光ファイバをそろえて一部分を溶融したものである．

　一方の光ファイバから入った光は，溶融部分で二分されて両方の光ファイバ

に伝わるから光分波器になる．また，両方の光ファイバから入った光は溶融部分でそれぞれが二分され，二分されたもの同志が重なって伝わるから光合波器になる．

(d) その他 光路を切り換える光スイッチ，反射戻り光の影響を抑える光アイソレータ，変調光を利用してセンシング技術を高度化するための光変調器，ファイバ同志を正確に接続するファイバ接続器など，光通信用に開発されたいろいろなデバイスが利用できる．なお，光信号を電気信号に変換する光検出器については **3.1.3** 項を参照されたい．

7.2 光波センシング

7.2.1 光干渉測定の原理

(a) マイケルソン干渉計 光学干渉計として広く用いられてきた**マイケルソン干渉計**(Michelson interferometer)を例にして，干渉計測の原理を説明する．その構成を図 **7.3** に示す．図で M_1, M_2 は，平面鏡である．N_1 は，平行平面ガラス板の片面に多層膜を着けて光の 1/2 を透過させ，1/2 を反射させる半透明鏡(ビームスプリッタともいう)である．N_2 は平行平面ガラス板で，二つの光束が経路は異なってもまったく同一の光路長を経て重ね合わせるために使用するが，干渉性のよいレーザ光を光源に使用する場合は省いてよい．L は凸レンズで，その焦点の位置にスクリーンまたは光検出器を置く．スクリーン上には二つの光束が同位相で到達した位置を示す同心リングが現れる．

いま，平面鏡 M_2 を面に垂直な方向へ移動させて，移動距離すなわち長さを測定する場合を考える．レーザ光の波長を λ とすると，M_2 の $\lambda/2$ の移動で光路長は λ だ

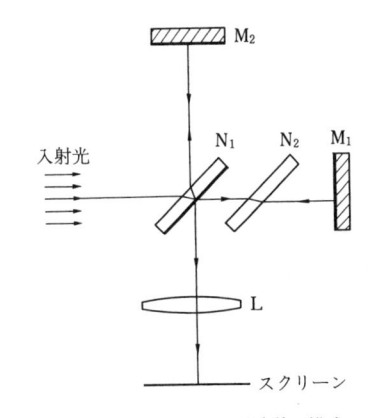

図 **7.3** マイケルソン干渉計の構成

け変化するので，光検出器の出力には極大と極小が1回ずつ現れる．したがって，極大となる回数をエレクトロニックカウンタで計数すれば，計数値と$\lambda/2$の積が長さになる．これとは反対に，基準となる長さを用いて波長を測定することができる．

上記の測定方法は，分解能が$\lambda/2$なので変位がλよりはるかに大きい場合に適する．変位が小さいために分解能を上げる必要がある場合は，正弦波電気信号の位相測定技術の原理を適用すればよい．また，振動している面の振動振幅を測定する場合は，振動面からの反射波が位相変調波になるので，位相変調電気信号の復調方法の原理を適用すればよい．

(**b**) **ファブリーペロー干渉計**　　光干渉計測には，マイケルソン干渉計のように二つの光束を干渉させる方法のほかに，多くの光束をまとめて干渉させる方法があり，その代表的なものが**ファブリーペロー干渉計**(Fabry-Pérot interferometer)である．ファブリーペロー干渉計の原理的構成を**図 7.4**に示す．

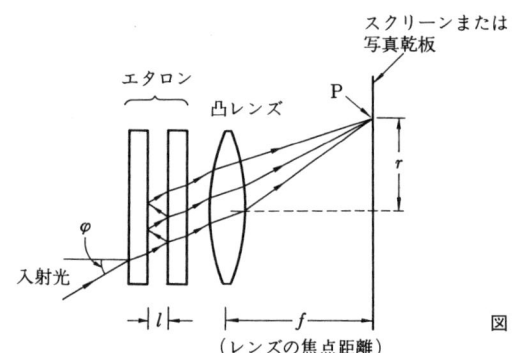

図 7.4　ファブリーペロー干渉計の原理的構成

図中のエタロンと呼ばれる光学素子は，溶融石英などの光学ガラスの表面をきわめて良好な平面度に仕上げ，その一面に反射率が高くて吸収率が低い多層薄膜を付け，膜面を内側にして2枚を平行度よく向かい合わせたものである．2枚の板の間隔は微細調整できるようになっている．エタロン表面への入射光は，進行方向にわずかに分散する光としてエタロン表面にほぼ垂直に入射す

る．

　いま，入射光は単色光とし，エタロン面の垂線に対して角度 ψ で入射する成分について考える．光は二つの反射膜の間で繰り返し反射され，反射のたびにその一部が透過する．したがって，エタロンの透過光は反射回数によって位相の異なる多重光束となる．この光束を凸レンズで集光し，焦点面に置いたスクリーンに像を結ばせると，1回の繰返し反射により光路長が波長の整数倍だけ長くなるようなスクリーン上の位置で透過光はすべて同位相となり，像の明るさは最大になる．同じ入射角であれば，どの方向からでも同じことになるので，リング状の明るい線が生じることになる．光路長の差が波長の整数倍になる位置はほかにも存在するから，広がりをもつ単色光の像は，同心リング状になる．これらのリングがきわめて細い線であることは，無限級数の和として数式的に扱うまでもなく，ベクトル合成で理解できよう．

　入射光の波長の変化とリングの半径の変化との関係を考えてみると，波長 λ は反射膜の間隔 l に比べてきわめて短いので，わずかな波長の変化が生じても，反射回数の異なる光束間の位相差の変化は大きく現れ，リング径の変化も大きい．波長の変化率 $d\lambda/\lambda$ とリング半径の変化率 dr/r との関係は次式で表される（式の導出は章末の演習問題で行う）．

$$\frac{dr}{r} = -\frac{l}{\lambda}\frac{d\lambda}{\lambda} \tag{7.1}$$

すなわち，径の変化率は波長の変化率の l/λ 倍になるから，ファブリーペロー干渉計は，きわめて高分解能の分光計として使用できる．光のスペクトルを測定する場合は，凸レンズの焦点にピンホールと光検出器を配置し，エタロンの間隔を自動的に変えたときの光検出器出力を記録する．

7.2.2　光ファイバ干渉測定

　図7.3のような空間を伝搬する光の測定システムでは，光路長に影響を生じるような機械的な妨害振動や，空気の揺らぎなどへの厳重な対策が必要であるとともに，光学系の配置の調整に手数がかかる．そこで光路の大部分を光フ

ァイバにすると，測定システムの構成が容易になるとともに装置全体も小形になる．

光ファイバ形マイケルソン干渉計の構成を図 7.5 に示す．レーザ装置から出射されたレーザ光は円柱レンズで絞られて光ファイバ A に入り，光分波・合波器により光ファイバ B と C に分波される．光ファイバ B の出射光は測定対象物体で反射されて信号光になり，光ファイバ C の光はファイバ先端に着けられた反射膜で反射されて基準光になる．信号光と基準光は光分波・合波器により合波され，合成波出力振幅が光検出器で検出される．光ファイバは曲げることができるので，測定システムの配置は任意に決めることができる．

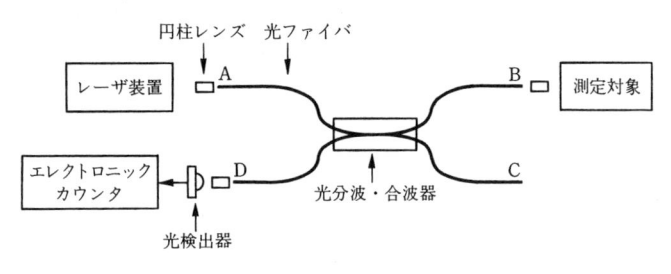

図 7.5 光ファイバ形マイケルソン干渉計

7.2.3 ホログラフィー干渉測定

ホログラフィー(holography)は，レーザ光によって三次元の像を記録し再生する技術で，レーザ光のほかにマイクロ波や超音波を用いる場合もあるが，レーザ光を用いる場合が最も発達しているため，ホログラフィーといえばレーザ光ホログラフィーの意味で一般に用いられている．ホログラフィーとは三次元的なすべての画像情報を記録するとの意味で，ギリシャ語の holos(whole, すべての意味)が語源になった．

三次元画像の記録と再生の原理を説明する．1台のレーザ装置の連続波出力ビームをレーザ系により広がりをもった光束にし，図 7.6(a)のように光束の一部を観察物体に照射してその反射光を信号光にする．また，レーザ光束の一部は鏡で反射させて参照光(基準光)にする．

7.2 光波センシング

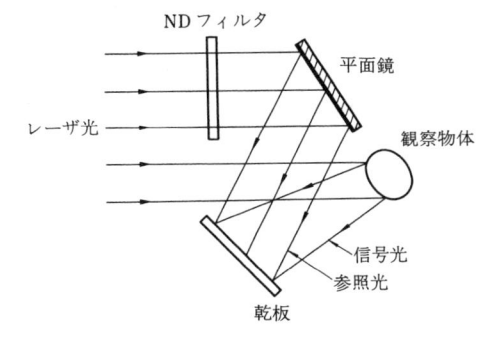

(a) ホログラムの撮影

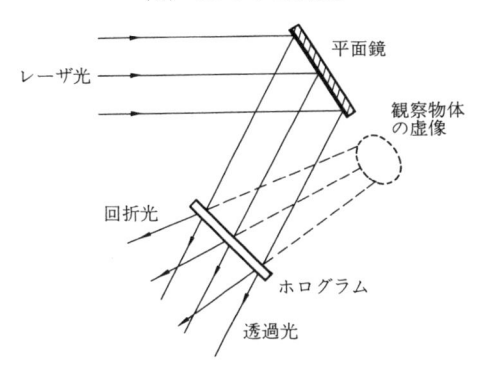

- NDフィルタ
- 平面鏡
- レーザ光
- 観察物体
- 信号光
- 参照光
- 乾板

(b) 像の再生

- 平面鏡
- レーザ光
- 観察物体の虚像
- 回折光
- ホログラム
- 透過光

図 7.6 ホログラフィー像の作成方法
(レーザ光の空間的分割)

いま，高分解能の写真乾板をこの空間に置いて信号光と参照光に同時に露光させると，二つの光が同位相になる位置が最も感光し，現像によって干渉じまが陰画(ネガ)として得られる．このような干渉じまが記録された媒体を**ホログラム**(hologram)という．写真乾板の感光剤の膜厚は光の波長の10倍程度で，その中に作られる三次元干渉じまには，信号光の情報がすべて記録される．

なお，信号光は散乱反射光なので光の強度が低下するため，図(a)に示すように，参照光の光路に **NDフィルタ**(neutral density filter，減衰用フィルタ)を挿入し，参照光の強度を信号光に近づけて干渉を良くする．

次に，図(b)のようにホログラムを露光時の位置に戻し，観察物体を取り除

き，また ND フィルタを取り去って参照光の強度を高めてホログラムを照射すると，露光時の信号光が再生される．この結果，ホログラムを通して観察物体があった位置を見ると立体像が観察できるし，その像を写真撮影することもできる．

ホログラフィー干渉計測とは，ホログラムから再生される信号光に干渉を生じさせ，その結果，物体の再生像の表面に現れるしま模様から，物体の変化を計測する技術である．したがって，観察に適する物体の変化は，レーザ光の波長の数倍から十数倍程度が適当である．

観察物体の静的な微少変形を測定する場合は，前述のホログラム撮影を物体の変形前と変形後の2回の露光で行う．このホログラムからは，変形前と変形後の二つの信号光が再生され，その間で干渉が生じ，像の表面に明暗のしま模様が現れる．しまの間隔は1波長の光路長変化に相当するので，しまのパターンをコンピュータで画像処理するなどして物体の変形を定量的に求めることができる．

また物体の微少振動を測定する場合は，ホログラム撮影は1回の露光でよい．定常的な振動をしている物体からの反射光は，光路長の周期的な変化によって位相変調を受けた信号光になる．したがって位相変調電気信号の復調の原理と同様になり，その場合の再生光の強度分布は位相変化に対して振動的に減衰する．その結果，再生像の表面には，振動変位が大きくなるとしだいに暗くなるような明暗のしま模様が現れるので，そのパターンから振動変位分布を求めることができる．

7.3 光通信測定

7.3.1 光測定器

(**a**) 光信号発生器　　光回路の特性測定に使用される光信号発生器の種類と性能は，電気信号発生器の場合に類似している．すなわち，正弦波，パルス波，白色雑音などの種別とともに，出力レベル調整や波長調整機能を有し，性

能の規格が与えられている．

(b) 光スペクトラムアナライザ　レーザ光のスペクトル特性や光回路の波長特性などの測定に使用される光スペクトラムアナライザの構成を図 **7.7** に示す．単色計とも呼ばれるモノクロメータは，入力光のうちから任意の波長成分の単色光を取り出す分光装置である．回折格子に光を当てると波長に応じて分散するので，回折格子を回転させながら特定の方向へ行く成分を取り出せば，スペクトル分布を検出することができる．しかし，波長が非常に近接しているスペクトルの場合はモノクロメータでは分解できないので，ファブリーペロー干渉計を併用する．

入力光 → モノクロメータ → ファブリーペロー干渉計 → 光検出器 → CRT 表示部

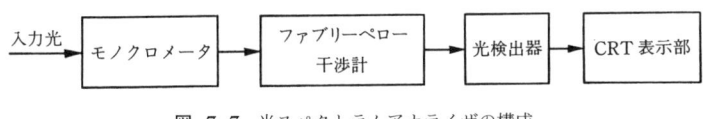

図 **7.7**　光スペクトラムアナライザの構成

(c) 光波長-周波数カウンタ　単色光の波長もしくは周波数をディジタル表示する光波長-周波数カウンタの原理は，光の干渉を利用するものである．マイケルソン干渉計で，長さの基準として波長が既知の光を用い，基準光と被測定光の干渉じまの間隔を自動測定して，両者の比と基準光の波長との積をディジタル表示する方式である．周波数を得たい場合は波長の逆数を表示させる．

(d) 光 減 衰 器　光量を制御する光減衰器には，電気回路用減衰器と同様に，減衰量の連続可変形，ステップ可変形，固定形などがあり，減衰量はdB で表される．可変形は光回路の特性測定用に，固定形は光量の調整用に用いる．

7.3.2　光通信測定システム

光信号はきわめて周波数の高い電気信号であるから，光回路の測定方法は高周波用電気回路の測定方法(**6** 章を参照)と原理的には共通している．そこで本項では，測定システムを構成する際の注意点の相違についてのみ説明する．

高周波測定では，測定器と被測定物は一般に同軸コードとコネクタで接続される．接続箇所では信号の反射が生じ，誤差の原因になるので，精密測定の場合は反射の少ないコネクタを使用する必要がある．光回路では光ファイバと光コネクタで相互接続するが，電気回路よりもはるかに大きい反射が起こりやすい．接続箇所における反射光を戻り光と呼び，特に半導体レーザ光を光源とする場合は，戻り光により発振モードが変化して周波数特性の劣化や雑音増加の原因になるので，戻り光の影響に対する注意が常に必要である．精密測定の場合は，光を1方向だけ通す光アイソレータを挿入するとよい．

高周波測定では，他の電子装置などで発生する信号や雑音が電磁誘導により測定システムに侵入し，測定誤差の原因になることがあるが，光ファイバは電磁誘導障害を受けない利点がある．その一方，建物の床から実験台を通して測定システムに伝わる機械的振動や衝撃の影響は，高周波測定に比べて光測定の方がはるかに大きい．したがって光測定では，測定システム全体を1台の除震台の上に構成するのがふつうであり，場合によって周囲の空気の揺らぎを防止する方策も必要になる．

演 習 問 題

7.1 ファブリーペロー干渉計のエタロンの透過光を，直接透過光，1回往復透過光，……などに分け，それらをベクトル合成することによって，干渉リングがきわめて細くなることを説明せよ．

7.2 ファブリーペロー干渉計のエタロンの間隔 l と波長 λ の関係が，$l=k\lambda/2$ (ただし k は正整数で，$k \gg 1$) であるとする．
  (a) スクリーンに現れるリング群の半径を求めよ．
  (b) λ がわずかに変化したときのリング径の変化を求め，式(7.1)と一致することを確かめよ．

7.3 波長 0.63 μm の二つの平面波による干渉じまを記録するとき
  (a) マイクロフィルムなどに用いられる高分解能フィルムの解像度は300本/mm 程度である．平面波の波面の角度が何度まで記録できるか．

(b) 波面の角度が 60° のとき，高分解能乾板の必要な解像度を求めよ．

7.4 光干渉計測システムでは，計測システムに伝わる機械的振動や衝撃の影響が大きい．図 7.5 の光ファイバ形マイケルソン干渉計を例にして，機械的振動の影響が大きい理由を考えよ．

付録 1. 国際単位系（SI）

1. 国際単位系の制定の経緯

　国際的な単位系としてのメートル法は，1779年にフランスで制定され，1875年に国際統一単位系としてメートル条約によって各国に承認された．その後，科学の進歩および工業の発展に伴って，分野ごとに種々の単位が設けられ，メートル系ではあるが，いろいろな単位系が用いられるようになった．特に電磁気の単位は複雑になり，CGS静電単位系，CGS電磁単位系，ガウス単位系，MKS単位系などが分野ごとに使い分けられるようになった．1906年に設立された国際電気標準会議（IEC）において，単位系の統一が重視され，1935年のIEC総会でMKS単位系の採用が決定した．国際単位系として近年に統一された周波数の単位「ヘルツ〔Hz〕」，コンダクタンスの単位「ジーメンス〔S〕」などは，その当時すでに採用が決定されたものである．しかし，分野によっては他の単位系が引き続き使用されていた．
　メートル系はもともと単位系の国際的な統一を目的として採用されたにもかかわらず，いくつもの単位系が共存するようになり，同一量に対していくつかの表示方法が用いられるようになったため，当然のことながらその統一化が問題となった．1948年のメートル条約国による第9回国際度量衡総会（Conférence Générale des Poids et Mesures，略称CGPM）において，全世界を統一する実用的計量単位系が確立されなければならないとの方針が決議された．これを受けて国際度量衡委員会（Comité International des Poids et Mesures，略称CIPM）は，各国の意見を集めて新しい実用単位系を立案した．この案は1960年の第11回CGPMで採択され，その名称を国際単位系（フランス語名称：Système International d'Units，英語名称：International System of Units）とし，略称をSIとすることが決定した．その後，部分的な改訂が加えられている．
　CGPMは国際単位系を採択したが，SIは実用上で必要な単位をすべては含んでおらず，また永年にわたって使い慣れた単位の使用を直ちに停止するのも困難なため，

SI移行への準備作業が必要となった．この作業は，国際標準化機構(ISO)の専門委員会で行われ，加盟国およびCGPMとのやりとりを経て，1973年に国際規格ISO 1000として制定された．世界各国は，この規格に基づいて国内規格を定めており，わが国も1974年公布の日本工業規格JIS Z 8203において国際規格を取り入れるとともに，計量法にも逐次SIが導入されている．ただし，わが国を含め各国は，それぞれの国内事情に応じて，SIとは若干の相違をもたせている．

2. 国際単位系の内容

2.1 SIの全体構成

SIの全体構成を**表付 1**に示す．

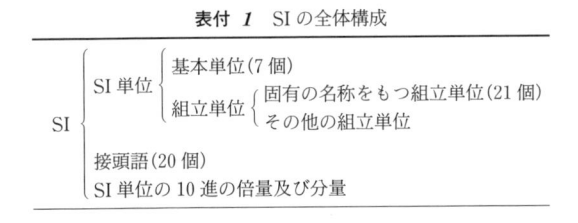

表付 1 SIの全体構成

$$
\text{SI} \begin{cases} \text{SI単位} \begin{cases} \text{基本単位(7個)} \\ \text{組立単位} \begin{cases} \text{固有の名称をもつ組立単位(21個)} \\ \text{その他の組立単位} \end{cases} \end{cases} \\ \text{接頭語(20個)} \\ \text{SI単位の10進の倍量及び分量} \end{cases}
$$

一例として，電流10ミリアンペアをSIで表すと，次のようになる．

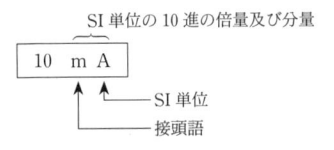

```
          SI単位の10進の倍量及び分量
        ┌──────┐
        │ 10 m A │
        └──────┘
              ↑ ↑──── SI単位
              └──── 接頭語
```

SIによる表し方は上記の例に見られるように，従来のMKSA単位系とほとんど同一であるが，重要なことは単位の分類，記号，定義などを明確にするとともに，1量1単位を原則としていることである．従来は，エネルギーの単位としてジュール〔J〕とカロリー〔cal〕とが使い分けられているように，1量1単位でない例が少なくなかったのである．また従来は，μμF，mμsのように二つの接頭語を用いることがしばしばあったが，SIでは接頭語は一つに限られている．

以下，表付 1の構成要素について説明する．

2.2 基本単位

基本単位とは，**表付2**の7個の単位をいう．

表付2 基本単位

量	名称	記号	量	名称	記号
長さ	メートル	m	熱力学温度†	ケルビン	K
質量	キログラム	kg	物質量	モル	mol
時間	秒	s	光度	カンデラ	cd
電流	アンペア	A			

† 表付4の「セルシウス温度」参照．

これらの基本単位は，定義が明確であり，かつ次元が独立とみなされるものが選ばれている．それぞれの定義は次のとおりである．なお，キログラム，アンペア，ケルビン，およびモルの定義は2019年5月に改定された．

1) 秒は，セシウム133の原子の基底状態の二つの超微細準位の間の遷移に対応する放射の周期の9 192 631 770倍の継続時間．

2) メートルは，1秒の299 792 458分の1時間に光が真空中を伝わる行程の長さ．

3) キログラムは，プランク定数hを正確に$6.626\,070\,15 \times 10^{-34}$ J・s（$=$ kg・m^2/s）と定めることによって設定される重さ．

4) アンペアは，電気素量eを正確に$1.602\,176\,634 \times 10^{-19}$ C と定めることによって設定される電流．

5) ケルビンは，ボルツマン定数kを正確に$1.380\,649 \times 10^{-23}$ J/K と定めることによって設定される熱力学温度．

6) 1モルは，アボガドロ定数N_A（$6.022\,140\,76 \times 10^{23}$）と等しい数の要素粒子（原子，分子，イオン，電子またはその他の粒子や特定の粒子群）が正確に含まれる物質量．

7) カンデラは，周波数540×10^{12}ヘルツの単色放射を放出し，所定の方向におけるその放射強度が1/683ワット毎ステラジアンである光源の，その方向における光度．

2.3 組立単位

組立単位とは，基本単位を乗除算の関係で組み合わせて構成できる単位をいう．実用上の便宜のために，組立単位のうち21個については，固有の名称と記号とが与えられており，それらはその他の組立単位を表すために用いることができる．

2. 国際単位系の内容

基本単位を用いて表される組立単位の例を**表付 3**に，固有の名称をもつ組立単位を**表付 4**に示す．

表付 3 基本単位を用いて表される組立単位の例

量	名　　称	記号
面　　積	平方メートル	m^2
体　　積	立方メートル	m^3
密　　度	キログラム毎立方メートル	kg/m^3
速　　さ	メートル毎秒	m/s
加 速 度	メートル毎秒毎秒	m/s^2
電流密度	アンペア毎平方メートル	A/m^2
磁界の強さ	アンペア毎メートル	A/m
輝　　度	カンデラ毎平方メートル	cd/m^2

表付 4 固有の名称をもつ組立単位

量	名　　称	記号	組 立 方
平 面 角	ラジアン	rad	†1
立 体 角	ステラジアン	sr	†2
周 波 数	ヘルツ	Hz	s^{-1}
力	ニュートン	N	$kg \cdot m/s^2$
圧力，応力	パスカル	Pa	N/m^2
エネルギー 仕事，熱量	ジュール	J	$N \cdot m$
工率，放射束	ワット	W	J/s
電気量，電荷	クーロン	C	$A \cdot s$
電圧，電位	ボルト	V	W/A
静 電 容 量	ファラド	F	C/V
電 気 抵 抗	オーム	Ω	V/A
コンダクタンス	ジーメンス	S	A/V
磁 束	ウェーバ	Wb	$V \cdot s$
磁 束 密 度	テスラ	T	Wb/m^2
インダクタンス	ヘンリー	H	Wb/A
セルシウス温度	セルシウス度	°C	†3
光 束	ルーメン	lm	$cd \cdot sr$
照 度	ルクス	lx	lm/m^2
放 射 能	ベクレル	Bq	s^{-1}
吸 収 線 量	グレイ	Gy	J/kg
線 量 当 量	シーベルト	Sv	J/kg

†1 ラジアンは，円周上でその半径の長さに等しい長さの弧を切り取る2本の半径の間に含まれる平面角．
†2 ステラジアンは，球の中心を頂点とし，その球の半径を1辺とする正方形の面積と等しい面積をその球の表面上で切り取る立体角．
†3 セルシウス温度 t は，熱力学温度 T と T_0 との差 $t = T - T_0$ に等しい．ここに，$T_0 = 273.15$ K である．

表付 *4* 中の平面角と立体角の単位であるラジアンとステラジアンは，以前は SI 補助単位とされていたが，現在は補助単位の分類は廃止され，ラジアンとステラジアンは組立単位に属することになった．

2.4 接 頭 語

きわめて大きい量あるいはきわめて小さい量を SI 単位のみで表すのは不便なので，SI では 20 個の接頭語を定め，SI 単位に付加して使用することを認めている．20 個の接頭語を**表付** *5* に示す．

表付 5 接 頭 語

倍 数	名　　　称	記 号	倍 数	名　　　称	記 号
10^{24}	ヨ　　　　タ	Y	10^{-1}	デ　　　シ	d
10^{21}	ゼ　　　　タ	Z	10^{-2}	セ　ン　チ	c
10^{18}	エ　ク　サ	E	10^{-3}	ミ　　　リ	m
10^{15}	ペ　　　　タ	P	10^{-6}	マ　イ　ク　ロ	μ
10^{12}	テ　　　ラ	T	10^{-9}	ナ　　　ノ	n
10^{9}	ギ　　　ガ	G	10^{-12}	ピ　　　コ	p
10^{6}	メ　　　ガ	M	10^{-15}	フェムト	f
10^{3}	キ　　　ロ	k	10^{-18}	ア　　　ト	a
10^{2}	ヘ　ク　ト	h	10^{-21}	ゼ　プ　ト	z
10	デ　　　カ	da	10^{-24}	ヨ　ク　ト	y

3．SI の記号の使い方

SI の記号の使い方については，紛らわしさを避けるため，規約が定められている．主な内容を次にあげる．

1）二つ以上の単位の積は，乗法の記号としての点をはさんで表す．誤解の恐れがなければ点を省略してもよい．

　　　例：N·m または Nm

　　　　　（mN はミリニュートンの意になるので不可）

2）組立単位が一つの単位を他の単位で除して構成される場合には，斜線，水平な線，または負の整数乗倍のいずれかで表す．

　　　例：m/s, $\dfrac{m}{s}$ または m·s^{-1}

3）かっこを付けることなしに同一の行に二つ以上の斜線を入れてはならない．複雑な場合には負の整数乗倍またはかっこを用いる．

　　　例：m·kg/(s^3·A) または m·kg·s^{-3}·A^{-1}

不適例：m・kg/s³/A

4) 接頭語は1個だけ用いるようにし，先頭にある単位記号に付けるのがよい．

例：mN・m　　不適例：N・mm

5) キログラムの10進の倍量及び分量の名称は，「グラム」という語に接頭語を付けて構成する．

例：1 mg＝10^{-6} kg　　不適例：1 μkg

6) 接頭語は，数が0.1から1 000までの間に入るように選ぶとよい．

例：3.1×10^{-8} s は 31 ns と書く．

ただし，表，図などで統一が重要な場合，あるいは慣用が重視される場合はこの限りでない．たとえば，機械製図では一般に mm が用いられる．

7) 接頭語を含む記号に指数が付いている場合，その指数は単位記号および接頭語記号の全体に適用される．

例：1 cm³＝10^{-6} m³

8) 数字と記号との間には，数字1字分の空白を置く．

9) 数字の桁数が多い場合には，3桁ごとに区切って数字の幅の半分の空白を置く．コンマは付けないほうがよい．

4. SIに含まれない単位

SIに含まれない単位でも，実際上，使用せざるをえないものがある．たとえば，時の単位を秒のみとするのは不可能であり，時，分なども併用せざるをえない．

そこで，SIと併用してよい単位として，**表付 6** のものが選ばれている．また，特殊な分野に限り併用してよい単位として，**表付 7** のものが JIS で選ばれている．

表付 6　SIと併用する単位

量	名　称	記　号	SI単位による値
時　間	分	min	60 s
	時	h	3 600 s
	日	d	86 400 s
平 面 角	度	°	$(\pi/180)$ rad
	分	′	$(\pi/10\,800)$ rad
	秒	″	$(\pi/648\,000)$ rad
体　積	リットル	l, L	10^{-3} m³
質　量	トン	t	10^3 kg
対 数 比	ネーパ	N_p	1 N_p＝1
	ベル	B	1 B＝$(1/2) \ln 10\ N_p$

表付 7 特殊な分野に限り SI 単位と併用してよい単位

量	名　　称	記　号	定　　義
エネルギー	電子ボルト	eV	真空中において 1 ボルトの電位差を横切ることによって電子が得る運動エネルギー 近似的に $1.602\,189\,2\times10^{-19}$ J
原 子 質 量	原子質量単位	u	核種 ^{12}C の一つの原子の質量の 1/12 近似的に $1.660\,565\,5\times10^{-27}$ kg
長　さ $\Big\{$	天 文 単 位	AU	(天文体系の定数) $149\,597.870\times10^6$ m
	パ ー セ ク	pc	1 天文単位が 1 秒の角を張る距離 近似的に $206\,265$ AU$=30\,857\times10^{12}$ m
流体の圧力	バ ー ル	bar	10^5 Pa

参 考 文 献

国際文書第 7 版："国際単位系(SI)"，日本規格協会(平 11)

JIS ハンドブック："電気計測"，日本規格協会

付録 2. スミス図表

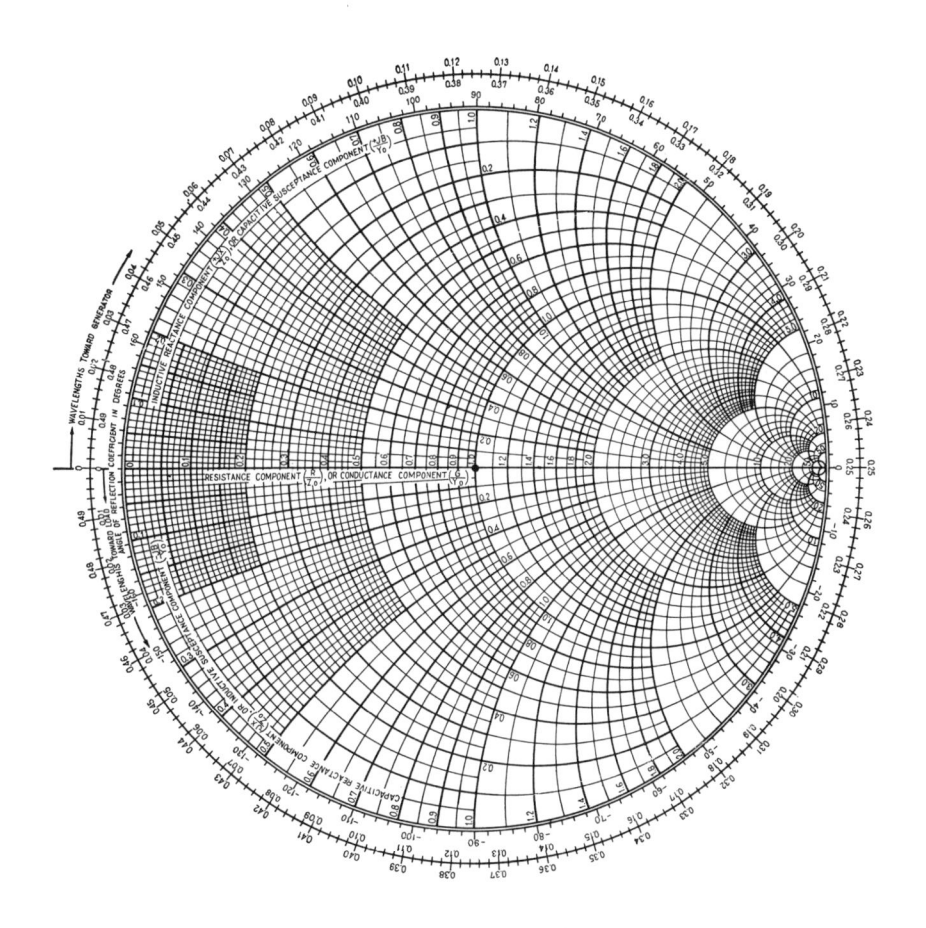

演習問題解答

1.1 （1） いくつかの2端子対回路を縦続接続するとき，dB値を用いると全体の利得または減衰量が加減算で計算できるため．

（2） 有効数字の表示が簡便なため．ふつう，利得または減衰量は最大で100 dB台であり，最低位を 0.1 dB (1.2%) まで得られればよい．したがって表示は3～4桁でよく，小数点移動も生じない．比で表示する場合は，有効数字を明確にするには指数部を必要とする．たとえば，86.0 dB を比で表すと，2.00×10^4 となる．

（3） 利得あるいは減衰量を比較法で測定する場合の基準として，dBステップの減衰器を使用するため．

減衰器が dB ステップになっているのは，上記(1)，(2)の理由のほか，少ない切換ステップ数で高い相対確度が維持できるためである．

1.2 （a） 零位法で直流電圧を測定するには，基準電圧と被測定電圧とを逆極性で直列に接続し，その両端の電圧すなわち電圧差を電子式電圧計で検出すればよい．したがって，比較器の回路構成は，電圧源と電圧計とをそのように接続する回路であればよい．しかし，計測器の接地の問題があり，そのような接続が常に許されるとはいえない．電子計測器では，交流電源の使用および外箱の遮へい（シールド）効果の点から，入力端子あるいは出力端子の片側を接地端子としてあるものが多い．計測器，被測定回路などを相互接続するときは，接地端子はすべて共通に接続しなければならない．

基準電圧，被測定電圧，電圧計のすべてが片線接地のときは，**図解 1.1**(a) の回路構成とし，差電圧 $(V_x - V_s)/2$ を出力として取り出せばよい．これは一種のブリッジ回路である．

（b） 図(a)の回路で生ずる誤差の原因は，二つの抵抗素子の値が等しくないことである．

（c） その誤差を除くには可変抵抗器を使用して，二つの抵抗を十分に等

演 習 問 題 解 答　183

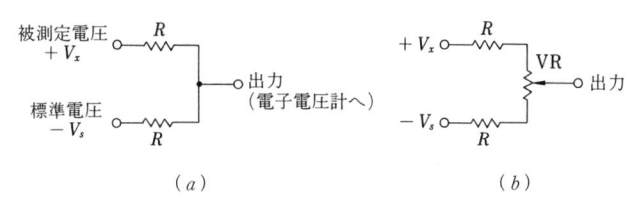

図解 1.1

しくすればよい．一例を図解(b)に示す．

1.3 図1.2における測定対象を**図解1.2**で置き換え，減衰器の減衰量 A を増幅器の利得 G より大にした状態で，全体の減衰量 A_T を測定すればよい．$A_T = A - G$ であるから，$G = A - A_T$ として求められる．

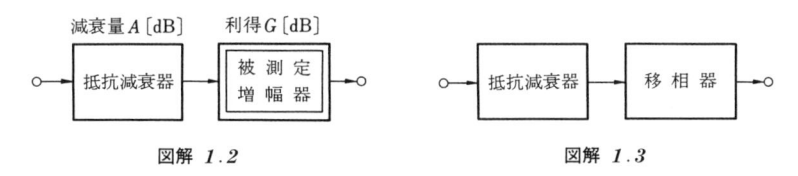

図解 1.2　　**図解 1.3**

1.4 図1.2(c)における標準器として**図解1.3**を用い，また比較器として図解1.2(b)を用いればよい．比較器の二つの正弦波入力が同一振幅で逆位相のとき，比較器の出力が零になる．

　この方法における問題点は移相器(phase shifter)である．減衰器は市販されているが移相器は市販されていない．通常，移相器は RC 回路で構成し，減衰量が一定で移相量が可変の2端子対回路として使用するが，移相量が周波数特性を持ち，したがって使用周波数範囲が狭いことが難点である．

2.1 $|Z| = |V|/|I|$ で $|Z|$ を求めるとき，$|V|$ と $|I|$ の誤差が偶然的なものとみなせば，$|Z|$ の確度は $\sqrt{1^2 + 1^2} = 1.4\%$ になる．したがって，R と C の最確値の確度は 1.4% と評価する．

2.2 校正値を用いて確度の向上が行えるのは，表示値の偏差(表示値と校正値との差)の分布が連続的である場合であって，偏差の分布が不規則の場合は補正は行えず，偏差は確度評価に使用できるだけである．表問2.2では，偏差の分布はほぼ連続しているので，補正の効果はあるとしてよい．データ補正の方法としては，隣接する2点間の直線近似，隣接する3点間の2次関数近似

など，一般的には多項式近似による補間がある．

簡単な直線近似を用いるとし，量を次のように置く．

校正表の表示値：N_i ($i=1\sim k$)

校正表の校正値：N_i' ($i=1\sim k$)

任意の表示値：N

まず，$N_i \leq N < N_{i+1}$ となる i を定める．そのとき，表示値 N の校正値 N' は次式で求められる．

$$N' = (N_i' - N_i) + \frac{N_{i+1}' - N_i'}{N_{i+1} - N_i}(N - N_i)$$

校正表からみて，0.01以下の補正は無意味なので，上式で N' を計算し，小数点以下3桁目を4捨5入または切捨てとする．

2.3 LCR 直列回路のインピーダンス Z は

$$Z = R + j\omega L + \frac{1}{j\omega C} \cong R\left(1 + j2Q\frac{\delta f}{f_0}\right)$$

ただし，$f_0 = \omega_0/2\pi = 1/2\pi\sqrt{LC}$，$Q = \omega_0 L/R$，$\delta f = f - f_0$．

したがって f_0, Q, R をまず決定し，それらから L と C を算出すればよい．

(a) $|Z|$ は上式から

$$|Z| = R\sqrt{1 + (2Q\,\delta f/f_0)^2}$$

$|Y| = 1/|Z|$ の測定データを $|Z|$ の周波数特性として図示すると，図解2.1のようになる．それぞれの値は次のようにして求められる．

(1) $|Z|$ が左右対称になるような垂線の周波数が f_0 である．

(2) f_0 における $|Z|$ の値，すなわち $|Z|$ の極小値が R である．

(3) $|Z| = \sqrt{2}R$ となる2点の周波数間隔を B とすれば，$Q = f_0/B$ で求まる．または，漸近線の傾斜 $|Z|/\delta f$ を用い，$Q = (|Z|/\delta f)(f_0/R)$ で求めてもよい．

なお，$|Y|$ の周波数特性の図からもほぼ同様にして求められる．

(b) $|Y|$ の特性は

$$|Y| = \frac{1}{R\sqrt{1+\Omega^2}}$$

ただし，$\Omega = Qx$, $x = (\omega/\omega_0) - (\omega_0/\omega)$．

決定量を f_0, R, L とすれば

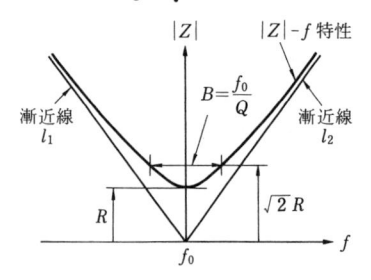

図解 2.1

$$\frac{f_0}{|Y|}\frac{\partial |Y|}{\partial f_0}=Q\frac{2\Omega}{1+\Omega^2},\quad \frac{R}{|Y|}\frac{\partial |Y|}{\partial R}=-\frac{1}{1+\Omega^2},\quad \frac{L}{|Y|}\frac{\partial |Y|}{\partial L}=-\frac{\Omega^2}{1+\Omega^2}$$

となり，これらの間では比較的に直交性がよいことがわかる．したがって補正が良好に行えることになる．それぞれの初期値の決定法の一例は

(1) R の初期値：データ群のうちで $|Y|$ の最大値を $|Y|_{max}$ とすれば，その逆数を R の初期値とする．

(2) f_0 の初期値：$|Y|_{max}$ の周波数を f_0 の初期値とする．

(3) L の初期値：$|Y|_{max}$ との差が $-3\,\mathrm{dB}$ に最も近い2点の周波数間隔を B とすれば，$L \cong R/2\pi B$ で初期値を決める．

以下，本文 **2.2.1** 項の補正方法で初期値を補正する．

3.1 基準量を得るのが困難なためである．基準量の例としては，重量測定における分銅，長さ測定におけるブロックゲージなどがあるが，例は少ない．

3.2 アナログ計測においても，指示値を読み取るときに量子化誤差が発生する．ディジタル計測における量子化誤差は容易に小さくすることができるので，欠点とはならない．

3.3 図 *3.12*(*b*) において，N_1, N_2 が ± 1 の差が生ずる可能性があるから，測定電圧 V は ($N_1, N_2 \gg 1$ として)

$$V=\frac{N_2\pm 1}{N_1\pm 1}V_s=\frac{N_2}{N_1}V_s\pm\left(\frac{1}{N_1}+\frac{1}{N_2}\right)V_s$$

3.4 (*a*) 追従比較形：1台の天びんと1gの分銅多数．

逐次比較形：1台の天びんと1g, 2g, 4g など，2進法の分銅．

並列比較形：N 台の天びんと1g〜N g まで，1g ずつ異なる N 個の分銅

(*b*) 4捨5入を行うには，最小単位の 1/2 の分銅が必要である．

3.5 図 *3.13*(*a*) の回路で，抵抗値を，$R, R/2, R/4, R/8$ とすれば BCD 1桁分になる．さらにそれらの 1/10 の抵抗値のものを付加すればよい．

4.1 開放電圧は $0.1\,\mathrm{V}$ であるから

$$V\,[\mathrm{dBm}]=20\log\frac{(V/2)}{\sqrt{50\times 10^{-3}}}=-13\,[\mathrm{dBm}]$$

4.2 (*a*) **図解 *4.1*(*a*)** に示す．

186　電　子　計　測（改訂版）

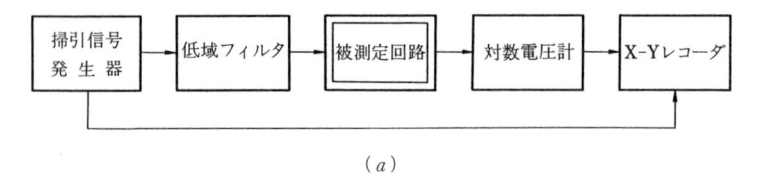

(a)

(a) LPF　　(b) BPF　　(c) HPF

(b)

図解 **4.1**

　　(b)　図解(b)に示す．

4.3　(a)　10 pF の容量の 100 kHz におけるインピーダンスは 159 kΩ になる．したがって，高周波では入力インピーダンスは入力容量で定まることになる．

　　(b)　電圧計の入力インピーダンスに比べて，測定端子から回路側を見たときのインピーダンスが十分に低いかどうかについて注意する必要がある．この点を実際に確かめるには，電圧計を測定端子に接続して指示値を読み取った後，同じ電圧計をもう1台並列に接続して指示値の低下が十分に小さいことを確認すればよい．指示値の低下が % 程度の小さい変化であれば，低下分を測定誤差とし，最初の指示値を低下分だけ増したものを測定値とすることができる．

4.4　(a)　波高値形：波高値の加減算となるので変化は $\pm 10\%$．
　　　　　　平均値形：第二調波の1周期の平均をとるので変化しない．
　　　　　　実効値形：次の計算結果から，変化は $+0.5\%$．

$$\text{変化率} = \sqrt{\frac{1}{2\pi}\int_0^{2\pi}\left[\sqrt{2}\cos x + \frac{\sqrt{2}}{10}\cos(2x+\phi)\right]^2 dx}$$
$$= \sqrt{1.01} \cong 1.005$$

　　(b)　波高値形，実効値形は第二調波の場合と同じ，平均値形では第三調波の 3/2 周期の平均をとるので，変化は $\pm 10/3\%$．

4.5 電流用接続線の抵抗による誤差を除去するためである.

4.6 式(4.17)から
$$R_x + j\omega L_x = \frac{R_1 R_3}{R_2} + j\omega R_1 R_3 C_s$$

したがって
$$R_x = \frac{R_1 R_3}{R_2}, \quad L_x = R_1 R_3 C_s$$

4.7 RC 並列回路の2端子インピーダンスは,$Z = \sqrt{R^2 + (1/\omega C)^2}$ であり,この絶対値が $1/\sqrt{2}$ すなわち $-3\,\mathrm{dB}$ となる周波数 f_c は $f_c = 1/2RC$ である.

一方,ステップ応答は,$v(t) = V(1 - e^{-t/RC})$ であり,10% および 90% になる t をそれぞれ t_1,t_2 とすれば
$$0.1 = 1 - e^{-t_1/RC}, \quad 0.9 = 1 - e^{-t_2/RC}$$

立上り時間 t_r は
$$t_r = t_2 - t_1 = RC \ln 9$$

上式に f_c を代入すれば
$$t_r = \ln 9 / 2\pi f_c = 0.35/f_c$$

周波数帯域 $f_c = 10^7$ のとき
$$t_r = 0.35 \times 10^{-7} = 35 \,[\mathrm{ns}]$$

4.8 R_1,C_1 並列のインピーダンスを Z_1 とし,R_2,C_2 並列のインピーダンスを Z_2 とすれば
$$Z_1 = \frac{R_1}{1 + j\omega R_1 C_1}, \quad Z_2 = \frac{R_2}{1 + j\omega R_2 C_2}$$

プローブ入力電圧を V_1,オシロスコープ入力電圧を V_2 とすれば
$$\frac{V_2}{V_1} = \frac{Z_1}{Z_1 + Z_2}$$

となる.

(a) $R_1 C_1 = R_2 C_2$ のとき $V_2/V_1 = R_1/(R_1 + R_2)$ となり,プローブの使用時も周波数特性は同じになる.

(b) $R_1 C_1 = R_2 C_2$ のとき,入力インピーダンスが大きくなる比率は電圧減衰比の逆数と同じなので,入力容量が小さくなる比率は電圧減衰比と同じになる.

(c) $R_1 C_1 = R_2 C_2$ のときに電圧比は周波数特性をもたないので,出力波形が最も方形波に近くなるからである.

5.1 10進1桁は4ビット，10進4桁は4×4＝16ビット，したがって200個では 16×200＝3200ビット(3.2ビット)になる．

5.2 解答 *1.1* 参照．比と dB との換算は，1 dB の桁までは暗算で行えるようになることが必要である．

5.3 一定時間間隔で自動的に動作する機能をもつ装置，すなわちタイマ内蔵の計測器を使用する場合である．測定対象は，電圧，周波数，温度などの状態である．

5.4 シリアル伝送は，伝送速度は低速ではあるが，相互接続が簡便な点が特長である．一般に記録装置はデータを受け取るだけ(リスン専用)であり，かつ機械的動作機構をもつために動作が低速なので，シリアル伝送が適する．

5.5 (*a*) 周波数設定値の桁数，データ数などが多くなく，メモリ容量に余裕がある場合，または設定周波数をコンピュータがそのつど判断する場合(たとえば極大，極小，－3 dB などになる周波数を探す場合)．

(*b*) 周波数設定値の桁数，データ数などが多く，メモリの使用容量が大きくなる場合．

5.6 一つ前のデータと比較し，変化した下位の数値のみをストアする．

6.1 大気中における 100 MHz の電磁波の波長は 3 m である(100 MHz 台のテレビ電波の半波長受信アンテナが 1 m 強であることから，オーダを算出すればよい)．媒体の比誘電率が ε_r，比透磁率が μ_r のとき，媒体中における波長の短縮率は $1/\sqrt{\varepsilon_r \mu_r}$ であるから，同軸ケーブルにおける波長の短縮率は $1/\sqrt{2.20}$ ＝0.674 となり，波長は 2.02 m すなわち大気中に比べてほぼ 2/3 になる．

6.2 無損失伝送線路の電圧，電流は，式 (*6.3*)，(*6.5*) から

$$V = Ae^{-j\beta x} + Be^{j\beta x}, \quad I = \frac{1}{Z_0}(Ae^{-j\beta x} - Be^{j\beta x})$$

同軸コード先端 ($x=l$) では $I=0$ であるから，$B = Ae^{-2j\beta l}$ となる．

$x=0$ および $x=l$ における V は，それぞれ

$$V(0) = A(1 + e^{-2j\beta l}), \quad V(l) = 2Ae^{-j\beta l}$$

したがって，電圧比は

$$\left|\frac{V(l)}{V(0)}\right| = \frac{2}{|1+e^{-2j\beta l}|} = \frac{2}{\sqrt{(1+\cos 2\beta l)^2 + \sin^2 2\beta l}}$$

上式で $l=\lambda/20$ すなわち $\beta l=2\pi/20$ と置けば，電圧比は 1.05 となり，コードの先端では電圧は 5% 大きくなることになる．また $l=\lambda/10$ では電圧比は 1.24 となるから，終端せずに使用すると誤差が著しく大きくなる．

なお $2\beta l \ll 1$ のときは，近似的に

$$\left|\frac{V(l)}{V(0)}\right| \cong 1 + 2\pi^2 \left(\frac{l}{\lambda}\right)^2$$

となるから，電圧上昇率は $2\pi^2(l/\lambda)^2 \times 100$ 〔%〕で求められる．

6.3 電圧の式

$$V = A\varepsilon^{-j\beta x} + Be^{j\beta x}$$

において，$x=l$ で $V=0$ とおけば，$B=-Ae^{-2j\beta l}$ を得るから

$$V = A[e^{-j\beta x} - e^{j\beta(x-2l)}]$$
$$= -2jAe^{-j\beta l}\sin \beta(x-l)$$
$$|V| = 2A \cdot |\sin \beta(l-x)|$$

すなわち，電圧分布は正弦状になるので，定在波測定器で測定した分布を正弦分布に直すことによって校正曲線が得られる．

6.4 (a) あるプローブの位置で周波数を掃引すると，定在波分布の最大値または最小値となるのは特定の周波数においてであって，他の周波数では最大と最小の中間の値になる．プローブを移動すると表示曲線が変化していき，変調波のような波形になる．

(b) 掃引下限周波数の半波長以上の距離でプローブを移動すれば，すべての周波数において定在数の最大値と最小値が現れるから，変調波のような波形の上側の包絡線が最大値，下側の包絡線が最小値となる．したがって，Y 軸方向の幅〔dB〕が(最大値)/(最小値)すなわち VSWR になる．

6.5 図解 **6.1** 参照．

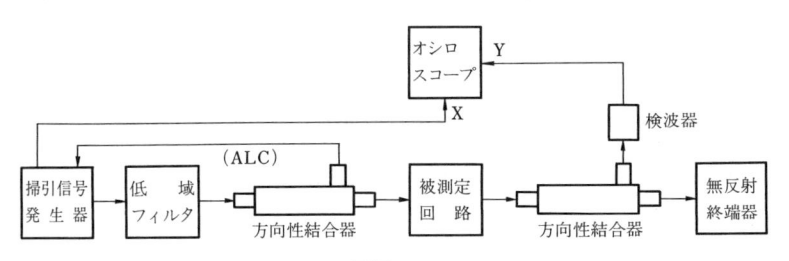

図解 **6.1**

6.6 (a) Y係数法では原理的には測定範囲の制限はない．ただし雑音指数が過剰雑音比より大きくなると，式(6.35)のN_2/N_1が1に近づくために誤差が急増するので，実際には限度がある．

2倍電力法では過剰雑音比以下に限られる．

(b) 2倍電力法が有利である．2倍電力法は過剰雑音比が可変の雑音発生器を用いると考えてよい．

7.1 直接透過光，1回往復透過光，……などをA_1, A_2…とし，それらをベクトル合成したものを**図解 7.1**に示す．

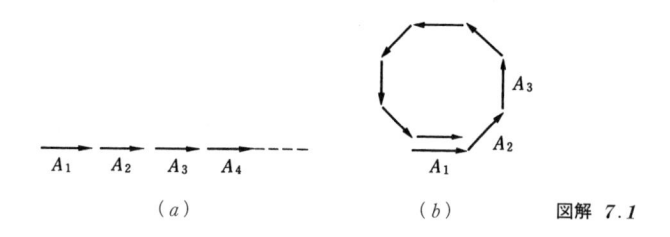

(a)　　　　　　　　(b)　　　　　図解 **7.1**

図(a)は同位相の場合で，また図(b)は1回往復ごとに位相が45°相違する場合である．位相が相違する場合は合成ベクトルの軌跡は渦巻状になり，無限に合成したときの合成ベクトルは渦巻のほぼ中心になる．したがって，45°相違する場合に比べ同相の場合に合成ベクトルがきわめて大きくなることがわかる．すなわち，干渉リングがきわめて細くなることがわかる．

7.2 (a) エタロンの間隔が半波長の整数倍のとき，垂直入射光は多重反射してもすべて同位相となるから，スクリーン中心(レンズの軸上)に集光される．

次に，垂線に対して角度φで入射した光について，直接透過した場合とエタロンで1往復した場合の光路差$\varDelta L$を求めると

$$\varDelta L = \frac{2l}{\cos \varphi} - 2l \tan \varphi \sin \varphi$$
$$= 2l \cos \varphi$$

この光路差が，垂直入射時の1往復光路よりもλの整数倍だけ短いときに透過光は同位相になる．最も中心に近いリング(半径r_1)に対するφをφ_1とすれば

$$2l \cos \varphi_1 = (k-1)\lambda$$

$\varphi_1 \ll \pi/2$ として $\cos\varphi_1 \cong 1-\varphi_1^2/2$, $\varphi_1 \cong r_1/f$ の近似を用いると(ただし, f: レンズの焦点距離)

$$2l\left(1-\frac{\varphi_1^2}{2}\right)=(k-1)\lambda$$

$$l\varphi_1^2=\lambda$$

$$\varphi_1=\sqrt{\lambda/l}, \quad r_1=f\sqrt{\lambda/l}$$

同様にして, 中心から n 本目のリングに対しては

$$\varphi_n=\sqrt{n\lambda/l}, \quad r_n=f\sqrt{n\lambda/l}$$

したがって, 外側になるほどリングの間隔は狭くなる.

(b) $\qquad 2l\cos\varphi_1=(k-1)\lambda$

から

$$\frac{d\lambda}{d\varphi_1}=-\frac{2l}{k-1}\sin\varphi_1\cong-\frac{2l\varphi_1}{k-1}$$

$$\frac{dr_1}{r_1}=\frac{d\varphi_1}{\varphi_1}=-\frac{(k-1)\lambda}{2l\varphi_1^2}\frac{d\lambda}{\lambda}$$

$\varphi_1^2=\lambda/l$, $k=2l/\lambda\gg 1$ であるから

$$\frac{dr_1}{r_1}=-\frac{l}{\lambda}\frac{d\lambda}{\lambda}$$

すなわち, 最も中心に近いリングの半径は, 波長変化の $-(l/\lambda)$ 倍だけ変化する(式(7.1)と同じ). 同様にして, 中心から n 本目のリングについては

$$\frac{dr_n}{r_n}=-\frac{l}{n\lambda}\frac{d\lambda}{\lambda}$$

したがって, 外側になるほど感度は低くなる.

7.3 (a) 格子間隔を d, 波面のなす角を 2θ とすると

$$d\sin\theta=\lambda/2$$

$d=(1/300)\times 10^{-3}, \lambda=0.63\times 10^{-6}$ と置けば

$$\sin\theta=0.095$$

したがって, 波面のなす角度 $2\theta=10.8°$ が限界となる.

(b) $\qquad d=\dfrac{\lambda}{2\sin\theta}$

において, $\theta=30°$ とすれば $d=\lambda$ となる. したがって

$$解像度=\frac{1}{d}=\frac{1}{0.63\times 10^{-6}}=1.6\times 10^6$$

すなわち, 1600 本/となる.

7.4 光干渉計測では, 光路長の変化を検出して測定量を得る原理を用いている.

したがって，妨害振動によって光路長が光の波長程度の変化を受けると，測定に支障を生じることになる．図7.5の測定システムでは，レーザ装置，マイクロレンズ，光ファイバ，被測定物など，システムを構成しているものが振動によりそれらの相対位置が変化を受ける可能性がある．また，光ファイバが振動すると光ファイバの等価的光路長が変化する可能性もある．

索　引

〔A〕

A-D 変換	53
ASCII	55
アナログ電圧計	89
アナログ-ディジタル変換	53
アナログ変換	41
アナログ計測	7
アナログ乗算器	45
アンダシュート	81
アスキー	55
圧電形センサ	39

〔B〕

BCD コード	54
バイト	55
ばらつき	25
バレッタ	98
バルボル	87
バスライン	137
ビート周波数	76
ビット	53
ボロメータ	36
分解能	25

〔C〕

CAMAC	137
CCD	37
CMRR	94
CRT	108

〔D〕

D-A 変換	53
DFT	21
DVM	93

電圧制御発振器	72
電圧-周波数変換器	49
電圧定在波比	146
電界強度測定器	112
電流-電圧変換器	43
電子式メータ	87
伝送回路	144
伝送線路	144
データ発生器	81
データ集録装置	142
ディケード形計測器	75
ディスプレイ装置	116
ディジタル-アナログ変換	53
ディジタル電圧計	93
ディジタル電力計	97
ディジタル計測	7
ディジタルレベルメータ	96
ディジタルレコーダ	125
ディジタルメモリ	115
ディジタルオシロスコープ	119
ディジタルプリンタ	125
ディジタルシグナルアナライザ	116
同　期	118
同期検波	47
デューティファクタ	80

〔E〕

エレクトロニックカウンタ	83
演算増幅器	42

〔F〕

FFT	20, 115
F-V 変換器	51

ファブリーペロー干渉計	166
ファンクションジェネレータ	76

〔G〕

GP-IB	137
擬似ランダムパターン	82
誤　差	25
グラフィックプロッタ	125
偶然誤差	25

〔H〕

HP-IB	137
白金抵抗線	32
白色雑音	153
波形分析器	110
波形記憶装置	115
波形率	89
波高率	88
波高値	88
半導体温度センサ	34
半導体磁気センサ	39
反射係数	68, 146
反転増幅器	43
平均値	88
平衡変調波	46
平衡変調器	46
並列比較形 A-D 変換器	57
偏位法	3
非反転増幅器	43
比較法	3
光分波・合成器	164
光ファイバ	163
光減衰器	171
光パワーメータ	98

光センサ	35
光信号発生器	170
光スペクトラムアナライザ	171
ひずみゲージ	38
ひずみ率	113
ひずみ率計	113
方向性結合器	150
ホログラフィー	168
ホログラフィー干渉計測法	168
ホログラム	169
ホール素子	39
補償導線	33
ホトダイオード	36
ホワイトノイズ	153
符号化	55
不整合減衰量	68
標本化	55
標準電波	24
標準インタフェース	136
標準信号発生器	69

〔**I**〕

ISO コード	54
インピーダンスブリッジ	101
インピーダンスメータ	106
インタフェース	135
インタフェースバス	137
位相同期ループ	73

〔**K**〕

回路部品	99
確度	22
間接測定	11
過失の誤差	26
かたより	25
過剰雑音	156
過剰雑音比	156
計測用コンピュータ	141
系統的誤差	25
奇偶検査	55
基本単位	176
機械量センサ	37

国際電気標準会議	137
国際標準化機構	54
コモンモード除去比	94
コントローラ	137
光電子増倍管	36
光導電セル	36
光学式オシログラフ	125
光波センシング	161
光波長-周波数カウンタ	171
高速フーリエ変換	20
高周波電力計	98
高周波伝送回路	144
個人誤差	26
組立単位	176
キャラクタ	55
極性反転器	43

〔**M**〕

MTBF	64
マイケルソン干渉計	165
マーカ	76
モノクロメータ	171

〔**N**〕

ND フィルタ	169
NMRR	94
NQR 温度計	34
NRZ	82
ネットワークアナライザ	108
熱電対	32, 33, 98
熱雑音	154
2 倍電力法	158
2 進コード	53
二重積分形 A-D 変換器	57
ノイズ	153
ノーマルモード除去比	94

〔**O**〕

オーバホール	64
オーバシュート	81
温度センサ	32
オシログラフ	124
オシロスコープ	117

〔**P, Q**〕

PLL	73
パラレルシリアル伝送方式	135
パルス波形ひずみ	81
パルス発生器	79
パルス符号発生器	81
パルス符号変調	55
パルスパターン発生器	81
パワーメータ	97
パワーセンサ	98
ペンレコーダ	122
ペン式オシログラフ	124
ピークピーク値	88
プリシュート	81
Q メータ	104

〔**R**〕

RC 発振器	74
rms 値	88
RS 232 C	137, 138
RZ	82
レベル変換	41
レベルメータ	95
レベル-周波数変換	41, 49
零位法	3
レンズ	164
レーザ	162
リニアライザ	31
理論的誤差	26
リスナ	137
ロックイン増幅器	47
ロジックアナライザ	120
ロジックスコープ	120
量子化	55
量子化誤差	56

〔**S**〕

S 行列	148
SG 法	158
SI 単位の 10 進の倍量及び分量	175

SMRR	94	
サグ	81	
最確値	13	
最小2乗法	14	
サーミスタ	32, 33, 98	
サーミスタボロメータ	36	
サーミスタ測温体	34	
サーモパイル	37	
サンプリング	48, 55	
サンプリング周波数	56	
サンプリング定理	56	
散射雑音	155	
散乱行列	148	
静電容量形センサ	37	
精度	25	
正規分布	27	
センサ	30	
センシングデバイス	30	
選択電圧計	111	
選択レベルメータ	96, 111	
接頭語	178	
信号分析器	110	
信号対雑音比	155	
シンクロスコープ	118	
信頼性	64	
シンセサイズド標準信号発生器	73	
真値	25	
シリアル伝送方式	135	
シリーズモード除去比	94	

掃引発信器	75	
掃引信号発生器	75	
測温抵抗体	32	
損失係数	100	
水晶温度計	34	
スミス図表	146, 181	
スペクトラムアナライザ	112	
スロッテッドライン	149	
周波数圧縮	47	
周波数変換	41	
周波数カウンタ	83	
周波数シンセサイザ	71

〔**T**〕

tan δ	100	
対数増幅器	44	
単色計	171	
定在波比	68	
定在波測定器	149	
置換法	3	
逐次比較形 A-D 変換器	57	
追従比較形 A-D 変換器	57	
チャネル数	116	
直接測定	11

〔**U, V, W**〕

渦電流形センサ	38	
V-F 変換器	49	
V-F-V 変換器	52	
ワード発生器	81

〔**X**〕

X-Y プロッタ	125	
X-Y レコーダ	123

〔**Y**〕

Y 係数法	156	
誘電正接	100	
有効数字	24	
ユニバーサルブリッジ	101	
ユニバーサルカウンタ	83	
有能利得	155

〔**Z**〕

雑音	153	
雑音発生器	156	
雑音指数	154	
雑音指数計	157	
全ひずみ率	113	
自動計測システム	8	
自動レベル制御	76	
磁気ダイオード	39	
磁気抵抗素子	39	
実効値	88	
実効値電圧計	97	
情報交換用米国標準コード	54	
10 進コード	53

―― 執筆者略歴 ――

昭和30年　横浜国立大学工学部電気工学科卒業
昭和32年　東京工業大学大学院修士課程修了(電気工学専攻)
昭和43年　横浜国立大学助教授
昭和48年　工学博士(東京工業大学)
昭和50年　横浜国立大学教授(工学部電子情報工学科)
平成10年　横浜国立大学名誉教授

電　子　計　測（改訂版）
Electronic Measurement (Revised Edition)　　Ⓒ 一般社団法人　電子情報通信学会 1981

昭和 56 年 7 月 20 日　初版第 1 刷発行
平成 12 年 5 月 31 日　第 19 刷（改訂版）発行
令和 元 年 8 月 10 日　第 31 刷（改訂版）発行

検印省略	編　　者	一般社団法人 電子情報通信学会
	執筆者	都築　泰雄 (つづき　やすお)
	発行者	株式会社　コロナ社
		代表者　牛来真也
	印刷所	三美印刷株式会社
	製本所	牧製本印刷株式会社

112-0011　東京都文京区千石 4-46-10
発 行 所　株式会社　コロナ社
CORONA PUBLISHING CO., LTD.
Tokyo Japan
振替 00140-8-14844・電話 (03) 3941-3131 (代)
ホームページ　http://www.coronasha.co.jp

ISBN 978-4-339-00067-2　　C3355　　Printed in Japan

本書のコピー, スキャン, デジタル化等の無断複製・転載は著作権法上での例外を除き禁じられています。
購入者以外の第三者による本書の電子データ化及び電子書籍化は, いかなる場合も認めていません。
落丁・乱丁はお取替えいたします。

電子情報通信学会 大学シリーズ

（各巻A5判，欠番は品切です）

■電子情報通信学会編

配本順			頁	本体
A-1 (40回)	応用代数	伊藤 理重 正夫 悟 共著	242	3000円
A-2 (38回)	応用解析	堀内 和夫著	340	4100円
A-3 (10回)	応用ベクトル解析	宮崎 保光著	234	2900円
A-4 (5回)	数値計算法	戸川 隼人著	196	2400円
A-5 (33回)	情報数学	廣瀬 健著	254	2900円
A-6 (7回)	応用確率論	砂原 善文著	220	2500円
B-1 (57回)	改訂 電磁理論	熊谷 信昭著	340	4100円
B-2 (46回)	改訂 電磁気計測	菅野 允著	232	2800円
B-3 (56回)	電子計測（改訂版）	都築 泰雄著	214	2600円
C-1 (34回)	回路基礎論	岸 源也著	290	3300円
C-2 (6回)	回路の応答	武部 幹著	220	2700円
C-3 (11回)	回路の合成	古賀 利郎著	220	2700円
C-4 (41回)	基礎アナログ電子回路	平野 浩太郎著	236	2900円
C-5 (51回)	アナログ集積電子回路	柳沢 健著	224	2700円
C-6 (42回)	パルス回路	内山 明彦著	186	2300円
D-2 (26回)	固体電子工学	佐々木 昭夫著	238	2900円
D-3 (1回)	電子物性	大坂 之雄著	180	2100円
D-4 (23回)	物質の構造	高橋 清著	238	2900円
D-5 (58回)	光・電磁物性	多田 邦雄 松本 俊 共著	232	2800円
D-6 (13回)	電子材料・部品と計測	川端 昭著	248	3000円
D-7 (21回)	電子デバイスプロセス	西永 頌著	202	2500円
E-1 (18回)	半導体デバイス	古川 静二郎著	248	3000円
E-3 (48回)	センサデバイス	浜川 圭弘著	200	2400円
E-4 (60回)	新版 光デバイス	末松 安晴著	240	3000円
E-5 (53回)	半導体集積回路	菅野 卓雄著	164	2000円
F-1 (50回)	通信工学通論	畔柳 功芳 塩谷 光 共著	280	3400円
F-2 (20回)	伝送回路	辻井 重男著	186	2300円

配本順			頁	本体
F-4 (30回)	通信方式	平松啓二著	248	3000円
F-5 (12回)	通信伝送工学	丸林 元著	232	2800円
F-7 (8回)	通信網工学	秋山 稔著	252	3100円
F-8 (24回)	電磁波工学	安達三郎著	206	2500円
F-9 (37回)	マイクロ波・ミリ波工学	内藤喜之著	218	2700円
F-11 (32回)	応用電波工学	池上文夫著	218	2700円
F-12 (19回)	音響工学	城戸健一著	196	2400円
G-1 (4回)	情報理論	磯 道義典著	184	2300円
G-3 (16回)	ディジタル回路	斉藤忠夫著	218	2700円
G-4 (54回)	データ構造とアルゴリズム	斎藤信男／西原 清 共著	232	2800円
H-1 (14回)	プログラミング	有田五次郎著	234	2100円
H-2 (39回)	情報処理と電子計算機（「情報処理通論」改題新版）	有澤 誠著	178	2200円
H-7 (28回)	オペレーティングシステム論	池田克夫著	206	2500円
I-3 (49回)	シミュレーション	中西俊男著	216	2600円
I-4 (22回)	パターン情報処理	長尾 真著	200	2400円
J-1 (52回)	電気エネルギー工学	鬼頭幸生著	312	3800円
J-4 (29回)	生体工学	斎藤正男著	244	3000円
J-5 (59回)	新版 画像工学	長谷川 伸著	254	3100円

以下続刊

C-7 制御理論　　　　　D-1 量子力学
F-3 信号理論　　　　　F-6 交換工学
G-5 形式言語とオートマトン　G-6 計算とアルゴリズム
J-2 電気機器通論

定価は本体価格+税です。
定価は変更されることがありますのでご了承下さい。

◆図書目録進呈◆

電子情報通信学会 大学シリーズ演習

(各巻A5判，欠番は品切です)

配本順			頁	本体
3.（11回）	数 値 計 算 法 演 習	戸 川 隼 人 著	160	2200円
5.（ 2回）	応 用 確 率 論 演 習	砂 原 善 文 著	200	2000円
6.（13回）	電 磁 理 論 演 習	熊 谷・塩 澤共著	262	3400円
7.（ 7回）	電 磁 気 計 測 演 習	菅 野　　允著	192	2100円
10.（ 6回）	回 路 の 応 答 演 習	武 部・西 川共著	204	2500円
16.（ 5回）	電 子 物 性 演 習	大 坂 之 雄著	230	2500円
27.（10回）	スイッチング回路理論演習	当 麻・米 田共著	186	2400円
31.（ 3回）	信 頼 性 工 学 演 習	菅 野 文 友著	132	1400円

以 下 続 刊

1.	応 用 解 析 演 習	堀内　和夫他著	2.	応用ベクトル解析演習	宮崎　保光著
4.	情 報 数 学 演 習		8.	電 子 計 測 演 習	都築　泰雄他著
9.	回 路 基 礎 論 演 習		11.	基礎アナログ電子回路演習	平野浩太郎著
12.	パ ル ス 回 路 演 習	内山　明彦著	13.	制 御 理 論 演 習	児玉　慎三著
14.	量 子 力 学 演 習	神谷　武志他著	15.	固 体 電 子 工 学 演 習	佐々木昭夫他著
17.	半 導 体 デ バ イ ス 演 習		18.	半導体集積回路演習	菅野　卓雄他著
20.	信 号 理 論 演 習	原島　博他著	21.	通 信 方 式 演 習	平松　啓二著
24.	マイクロ波・ミリ波工学演習	内藤　喜之他著	25.	光エレクトロニクス演習	
28.	ディジタル回路演習	斉藤　忠夫著	29.	データ構造演習	斎藤　信男他著
30.	プログラミング演習	有田五次郎著		電 子 計 算 機 演 習	松下・飯塚共著

定価は本体価格+税です。
定価は変更されることがありますのでご了承下さい。

図書目録進呈◆